Schlussbericht

zu IGF-Vorhaben Nr. 20570 N

Thema
Hochleistungs-PLA-Biko-Fasern (PLA²)

Berichtszeitraum
01.12.2019 bis 30.11.2021

Forschungsvereinigung
Forschungsvereinigung Werkstoffe aus nachhaltigen Rohstoffen e.V. Rudolstadt

Forschungseinrichtung(en)
Faserinstitut Bremen e. V. (FIBRE)

Forschungsnetzwerk
Mittelstand

Gefördert durch:

aufgrund eines Beschlusses
des Deutschen Bundestages

Die **Forschungsberichte aus dem Faserinstitut Bremen**
erscheinen in unregelmäßiger Folge.
Herausgegeben vom

FASERINSTITUT BREMEN e.V. — FIBRE —
Am Biologischen Garten 2
D-28359 Bremen

Der vorliegende Band erscheint als Nr. 68 dieser Reihe.

Autoren: Lars Bostan und Boris Marx
Titel: Hochleistungs-PLA-Biko-Fasern
              (PLA²)

Herstellung und Verlag: BoD – Books on Demand, Norderstedt

ISBN dieses Bandes: 978-3-7562-1489-1
ISSN der Reihe 1618–7016

Zusammenfassung der Ergebnisse zum AiF-Forschungsvorhaben 20570 N

Hochleistungs-PLA-Biko-Fasern (PLA²)

Das Ziel des Forschungsprojektes war die Entwicklung eines hochschmelzenden, aus nachwachsenden Rohstoffen bestehenden und gleichzeitig biologisch abbaubaren Blends mittels Compoundierung auf Basis von Polylactid (PLA) zur Erzeugung einer Stereokomplex-Kristallstruktur anstelle einer herkömmlichen Kristallstruktur. Außerdem sollte der Nachweis erbracht werden, dass dieses Blend, verwendet als hochfeste Kernkomponente, kombiniert mit einer niedrigschmelzenden Mantelkomponente – ebenfalls aus PLA – zu Bikomponentenfasern (Bikofasern) versponnen werden kann. Diese Bikofasern sollten gegenüber den derzeit üblichen PLA-Fasern eine verbesserte Zugfestigkeit und einen höheren E-Modul aufweisen. Mit diesen Bikofasern sollte ein erfolgsversprechendes Ausgangsmaterial z. B. für die Weiterverarbeitung zum Faserverbund oder den Einsatz im 3D-Druck entstehen.

Im Forschungsprojekt wurden zwei verschiedene PLA-Typen – reines PLLA und reines PDLA mit jeweils Schmelztemperaturen von 180 °C – mittels Compoundierung im Technikumsmaßstab geblendet, um die PLA-Stereokomplexstruktur (scPLA) zu generieren. Dabei wurde mit einer innovativen Prozessführung das scPLA-Blend während der Extrusion mit einem Massedurchsatz vom 2 kg/h in Pulverform ausgefällt. Die Stereokomplex-Struktur konnte zu 100 % generiert und der Schmelzbereich im Thermogramm komplett um 55 °C auf 235 °C erhöht werden. Zwar konnte das scPLA-Blend zu einem Garn weiterverarbeitet werden, jedoch liegt die Festigkeit dieses Garns mit ca. 23 cN/tex weit unterhalb der Festigkeiten von PLA-Garnen, die derzeit auf dem Markt verfügbar sind. Die Begründung für das Nicht-Erreichen der angestrebten, hohen Festigkeit ist ein Entmischen das scPLA-Blends während der Extrusion. Eine Modifikation der klassischen Schmelzspinnanlage (u. a. Mischtorpedo und statische Mischer in der Schmelzeleitung) ist notwendig, um die Stereokomplex-Kristallstruktur während der Extrusion und beim Ausspinnen aufrechtzuerhalten bzw. weiter auszuprägen und damit die höhere Festigkeit generieren zu können. Dieser neu aufgetretene Entwicklungsaufwand sowie die Anlagenmodifikation konnten nicht im Rahmen des Forschungsprojektes realisiert werden.

Mit auf dem Markt verfügbaren PLA-Materialien wurden Bikofasern mit einer Mantel-Kern-Struktur entwickelt. Dabei wurde ein teilkristallines PLA in den Kern und ein amorphes PLA in den Mantel geführt. Aus den Bikofasern wurden Single-Polymer-Faserverbundwerkstoffe und endlosfaserverstärkte Monofilamente für den 3D-Druck hergestellt. Dabei generiert der teilkristalline Kern die Festigkeit und mit dem amorphen Mantel kann die Form vorgegeben werden. Ebenso wurde die biologische Abbaubarkeit der verschiedenen PLA-Materialien in Faserform untersucht.

Das Ziel des Forschungsvorhabens wurde teilweise erreicht

Inhaltsverzeichnis

1. Forschungsthema

Hochleistungs-PLA-Biko-Fasern (PLA^2)

2. Wissenschaftlich-technische und wirtschaftliche Problemstellung

Vor dem Hintergrund, dass zahlreiche fossile Rohstoffe – darunter viele auf Erdölbasis hergestellte Polymere für textile und technische Fasern – heutzutage begrenzt verfügbar und gleichzeitig endlich sind, kommt der Forschung nach Alternativen eine große Bedeutung zu. [1] Mit Blick auf den Umweltschutz besitzen diese Polymere den weiteren Nachteil, dass sie nicht biologisch abbaubar sind und Ökosysteme und Lebewesen massiv beeinträchtigen. [2] Ein möglicher Lösungsansatz zur Substitution dieser Polymere sind Biopolymere, die hinsichtlich der Abhängigkeit vom Rohstofftyp (petrochemisch oder nachwachsend) sowie der Abbaubarkeit (nichtabbaubar oder abbaubar) unterschieden werden können. [3] 2019 wurden weltweit ca. 2 Millionen Tonnen Biopolymere produziert, Schätzungen ergeben für 2024 eine Menge von 3,1 Millionen Tonnen – ein entsprechend wachsender Markt. [4]

Ein Biopolymer, welches aus biobasierten, nachwachsenden Rohstoffen besteht und über eine biologische Abbaubarkeit verfügt, ist Polylactid (PLA). Es wird anhand der chemischen Synthese auf Basis von Milchsäure hergestellt. PLA hat die Besonderheit, in Abhängigkeit vom Molekulargewicht und Enantiomergehalt unterschiedliche chemische und physikalische Eigenschaften annehmen zu können. Mehrere Hersteller, vor allen Dingen NatureWorks und TotalEnergies Corbion, vertreiben PLA kommerziell. Die Festigkeiten von PLA-Garnen, hergestellt aus teilkristallinem PLA, liegen bei 35 bis 40 cN/tex [5] und finden Anwendung u.a. in Heimtextilien und in der Bekleidung. [6] PLA-Materialien für technische Fasern mit Festigkeiten im Bereich von 60 cN/tex sind derzeit nicht verfügbar. Darüber hinaus schränkt die Wärmeformbeständigkeit oberhalb der Glasübergangstemperatur von ca. 60 °C sowie die verhältnismäßig niedrige Schmelztemperatur von ca. 175 °C für kommerzielles, teilkristallines PLA die Anwendung ein.

Aufbau PLA

Die für die Herstellung des PLA-Polymers eingesetzte Milchsäure ist ein Enantiomer. Dadurch gibt es zwei spiegelbildliche Varianten des Moleküls, welche sich in ihrer chemischen Struktur danach unterscheiden, ob sie die Polarisationsebene von Licht gegen den Uhrzeigersinn (L(+)-

Milchsäure) oder im Uhrzeigersinn (D(-)-Milchsäure) drehen. Dementsprechend gibt es PLLA- und PDLA-Typen. Beide Typen können auch in einem beliebigen Verhältnis kombiniert werden, wodurch ein Meso-Lactid, PDLLA genannt, entsteht (Abbildung 1). [7] Das Mischungsverhältnis 1:1 ist als Racement definiert. [8] Die Besonderheit von PLA liegt darin, dass es zwei Möglichkeiten gibt, die Eigenschaften zu verändern: Mit der Molekülmasse wird das mechanische, mit dem L/D-Verhältnis das thermische Verhalten beeinflusst [9,10]. Grundsätzlich kann festgehalten werden, dass ein hoher L-Anteil ein kristallines Polymer erzeugt, wohingegen ab einem bestimmten D-Anteil das Polymer amorph wird. Ein hoher Kristallisationsgrad und damit verbunden eine hohe Schmelztemperatur lassen sich somit mit einem geringen D-Anteil einstellen. [8]

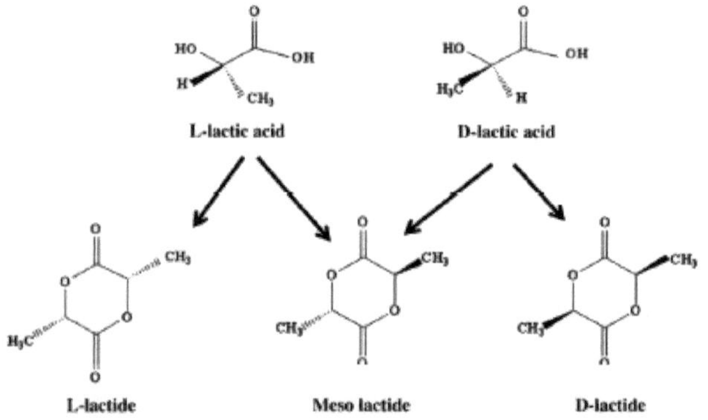

Abbildung 1: Keilstrichformel von L-Lactid, Meso Lactid und D-Lactid [7]

Stereokomplex-PLA (scPLA)

Der PLA-Stereokomplex (scPLA) der enantiomeren Formen PLLA und PDLA kann kristalline Strukturen mit erhöhten Schmelztemperaturen von ca. 230 °C realisieren. [11] Dabei entsteht eine neue kristalline Struktur, weshalb neben den thermischen auch die mechanischen Eigenschaften verbessert werden. [12] Abbildung 2 auf der nächsten Seite zeigt, dass die Schmelztemperaturen für reines PDLA und reines PLLA – beide teilkristallin – jeweils 180 °C betragen.

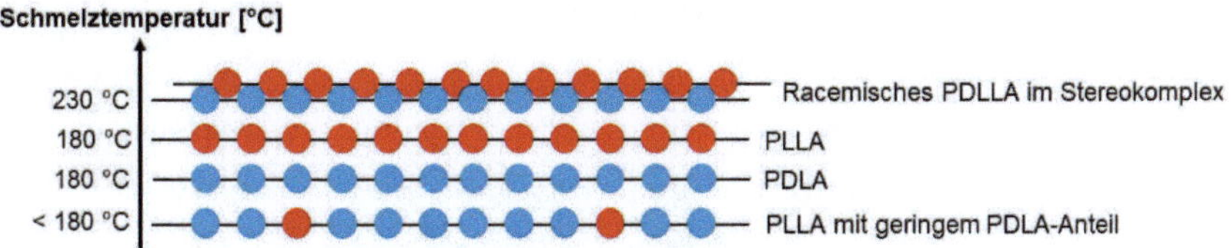

**Abbildung 2: PLA-Typen und Ihre Schmelztemperaturen
in Abhängigkeit von den Lactid-Kombinationen nach [8]**

Bei einem PLLA mit geringem PDLA-Anteil sinkt die Schmelztemperatur und es kann z. B. ein amorphes PLA erzeugt werden. Eine racemische Mischung von PDLA und PLLA, also PDLLA, erzeugt die Stereokomplex-Kristallstruktur mit einer Schmelztemperatur von 230 °C. Abbildung 3 zeigt den Einfluss des Mischungsverhältnisses der beiden PLA-Typen PDLA und PLLA auf die Schmelztemperatur: Der Schmelzbereich wird mit einem Mischungsverhältnis, welches sich dem 50/50-Verhältnis annähert, erhöht und die Schmelztemperatur beträgt bei der racemischen Mischung ca. 230 °C. Darüber hinaus sinkt die Schmelztemperatur wiederum.

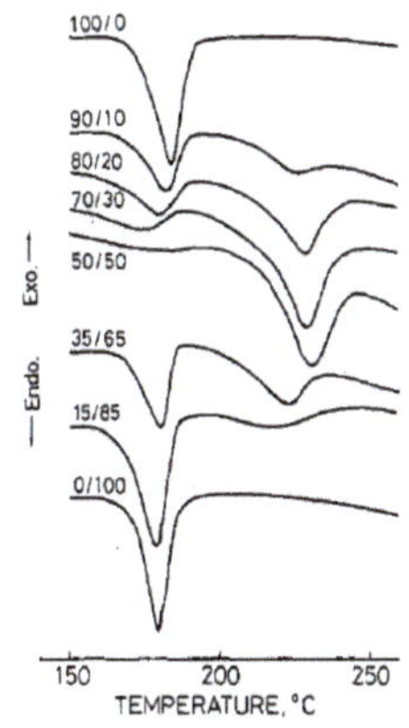

Abbildung 3: Thermogramm verschiedener PDLA-PLLA-Mischungen [11]

Technische Fasern auf Basis von scPLA mit hoher Festigkeit und Steifigkeit sowie deutlich verbesserten thermischen Eigenschaftenn besitzen ein großes Potential und kommen für technische Anwendungen z.B. in der Medizintechnik und in der Automobilindustrie in Frage. In den letzten Jahren wurden auf dieser Basis zahlreiche Untersuchungen und Forschungsarbeiten, u. a. zur Verbesserung der Eigenschaften von PLA-Polymeren, durchgeführt. [13,14,15,16] sc-PLA-Multifilamente werden derzeit im Labormaßstab erforscht, die Festigkeiten liegen mit 24 cN/tex jedoch noch weit unter den o. g. herkömmlichen PLA-Garnen. [17] Dabei wurden die PDLA- und PLLA-Granulate im Mischungsverhältnis 50/50 im Vorfeld vermischt und dann im Extrusionsprozess bei 230 °C und einem Massedurchsatz von 1,26 kg/h extrudiert und verstreckt. In einem separaten Weiterverarbeitungsschritt im Labormaßstab wurde das Garn nochmals verstreckt, getempert und mit 8 m/min gewickelt. Abbildung 4 zeigt die DSC-Analyse der Garne für verschiedene Prozessschritte. Das schmelzgesponnene und das nachträglich verstreckte Garn besitzen noch zwei Schmelztemperaturen: Die von PDLA bzw. PLLA liegt bei ca. 175 °C und die vom Stereokomplex-PLA bei ca. 235 °C. Erst durch das Tempern konnte die komplette Stereokomplex-Kristallstruktur ausgeprägt werden.

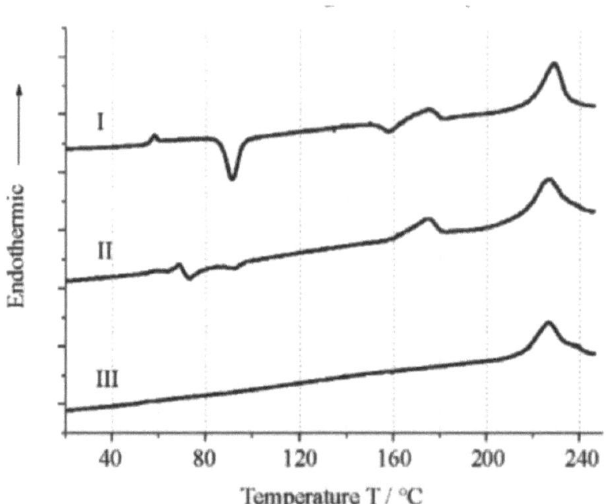

Abbildung 4: DSC-Analyse des PLA-Garns mit Stereokomplex-Kristallstruktur (I: Schmelzgesponnenes Garn; II: Nachträglich verstrecktes Garn; III: Getempertes Garn) [27]

Ein kommerziell verfügbares scPLA-Granulat zur Herstellung von scPLA-Garnen mit technischen Festigkeiten im Schmelzspinnprozess ist derzeit nicht auf dem Markt verfügbar. TotalEnergies Corbion listet auf seiner Homepage ein sc-PLA-Compound mit einer Schmelztemperatur von 215 °C auf. [18] Die empfohlene Verarbeitungstemperatur von 230 °C zeigt eindeutig, dass nicht die typische Stereokomplex-Kristallstruktur mit der Schmelztemperatur von ca. 230 °C nach [11] vorliegt. Dieses Material ist zudem nur für den Spritzguss geeignet und wird nicht mehr vertrieben. Teijin publizierte in 2007 das Biofront-Material, bestehend aus PLA mit einer Stereokomplex-Kristallstruktur und einer Schmelztemperatur von lediglich 210 °C. [19] Auch dieses Material ist heute nicht mehr erhältlich.

Auf dem Markt verfügbares PLA

In Tabelle 1 sind die auf dem Markt verfügbaren PLA-Polymere zur Faserherstellung von TotalEnergies Corbion und NatureWorks dargestellt. Zusätzlich sind die entsprechende Glasübergangstemperatur T_G und Schmelztemperatur T_M aufgelistet. Dabei sind diejenigen Materialien mit der minimalen und maximalen Schmelztemperatur berücksichtigt worden. Die Hersteller bieten weitere PLA-Polymere mit dazwischenliegenden Schmelztemperaturen an. Mit diesen Polymeren lassen sich Fasern mit einer Festigkeit von maximal 53 cN/tex für das Einzelfilament herstellen. [23] Die resultierende Garnfestigkeit liegt, wie bereits oben erwähnt, bei 35 bis 40 cN/tex. [5] Es wird deutlich, dass derzeit kein PLA-Polymer mit der Stereokomplex-Kristallstruktur mit Schmelztemperaturen höher als 180 °C zu erwerben ist.

Tabelle 1: Auf dem Markt verfügbare PLA-Polymere zur Faserherstellung

Unternehmen	Materialtype	Amorph	Teilkristallin	T_G [°C]	T_M [°C]	Quelle
TotalEnergies	Luminy LX930	x		60	130	[20]
Corbion	Luminy L175		x	60	175	[21]
NatureWorks	Ingeo 6060D (früher 6302D)	x		55-60	125-135	[22]
	Ingeo 6100D		x	55-60	165-180	[23]

Schmelzspinnen von PLA

Das Schmelzspinnen von PLA-Fasern sowie der Einfluss von Prozessparametern ist in den letzten Jahren ausführlich untersucht und von Gupta et al. zusammengefasst worden. [24] Dazu sind folgende Aspekte zu nennen:

- PLA ist hydrolyseanfälllig. Dies kann zu einer Verringerung des Molekulargewichts und der Glasübergangstemperatur führen. [25]
- Die Verarbeitungstemperatur liegt, in Abhängigkeit vom PLA-Typ, zwischen 185 °C und 240 °C. Die Abzugsgeschwindigkeit kann bis zu 5000 m/min betragen, allerdings verbessern sich nur bis 3000 m/min der Kristallinitätsgrad und die Festigkeit. [26,27]
- Bei einem Verstreckungsgrad von 1:8 können Kristallinitätsgrade von 65 % und damit entsprechend hohe mechanische Eigenschaften erreicht werden. Der

Temperaturbereich für das Verstrecken liegt oftmals zwischen der Glasübergangstemperatur und 160 °C (weiterer Kristallisationspeak). [25]

- Durch eine zusätzliche Wärmebehandlung (Thermofixierung) im Anschluss an das Schmelzspinnen kann eine weitere Festigkeitssteigerung erreicht werden. [28]

PLA-Fasern und –Bikofasern

In Bezug auf Fasern und Bikofasern aus PLA sind folgende aktuelle Forschungsarbeiten zu nennen: Hufenus et al. entwickelten eine Biko-Faser für den Einsatz in der Medizin. [29] Dabei nutzten sie die Materialien Poly-3-hydroxybutyrate-co-3-hydroxyvalerate (PHBV) und PLA (Ingeo 6200D von NatureWorks). Bei der Verwendung von PHBV als Kern und PLA als Mantel bei einem Verhältnis von 36/64, konnten mit einer Zugspannung von 340 MPa und einem E-Modul von 7,1 GPa die besten mechanischen Eigenschaften erzielt werden. Das PLA-Material wurde bei einer Temperatur von 190 °C verarbeitet. Eine Biko-Faser zur Herstelllung von Spinnvliesen, also mit einem Durchmesser kleiner als 10 µm und damit wesentlich kleiner als die Durchmesser beim Schmelzspinnen, auf Basis von PLA (Ingeo 6202D von NatureWorks) und Polypropylen (PP) wurde in [30] untersucht. Bei dieser Grundlagenforschung in Bezug auf Struktur, Molekularorientierung und mechanischer Eigenschaften wurden die Polymere sowohl als Kern als auch als Mantel eingesetzt. Beide Biko-Fasern wiesen mit 13 GPa einen ähnlichen E-Modul wie reine PLA-Fasern (14 GPa) und einen wesentlich höheren als jener der reinen PP-Fasern (6,8 GPa) auf. Im Rahmen eines Forschungsprojektes werden SPFVW aus reinem PLA entwickelt. [31] Die Entwicklung der Garne wird in [32] vorgestellt. Hierbei wurde für die Matrix eine Faser aus dem Biopolymer Ingeo 6302 D (NatureWorks) gesponnen und für die Verstärkungsfaser Purapol L130 (Corbion) eingesetzt. Die Matrix weist eine Feinheit von 211,8 dtex und eine Zugefestigkeit von 10,2 cN/tex auf. Die Verstärkungsfaser verfügt über die Werte 248,52 dtex und 30,1 cN/tex, einer textilen Qualität entsprechend. Beides wurde schließlich zu Hybridgarnen versponnen. Die Herstellung von Single-Polymer-Faserverbundwerkstoffen (SPFVW) aus den Garnen wurde nicht beschrieben. Van der Schueren präsentierte in diesem Zusammenhang bio-flüssigkristallin-verstärkte PLA-Fasern mit einem E-Modul von 8,7 GPa. [33] Die thermische Stabilität der Fasern konnte nicht verbessert werden. Detaillierte Informationen über das Material wurden nicht angegeben. Li und Yao stellen SPFVW aus reinem PLA vor. [34] Für die Matrix wurde das Material Ingeo 4032D (NatureWorks), für den Kern von NatureWorks fehlt die genaue Angabe. Zugspannung und E-Modul weisen mit 58,6 MPa und 3,7 GPa wesentlich bessere Werte – 30,8 % bzw. 48,0 % –

im Vergleich zu unverstärkten Elementen auf. Ein SPFVW aus PLA-Biko-Fasern inkl. der mechanischen Eigenschaften wird in [35] präsentiert. Die verwendeten Materialien PLLA (Kern) und PLA90 (Mantel) der Fa. Hengtian Changjiang Biological Materials (China) besitzen Schmelztemperaturen von 175 °C und 130 °C. Das Verhältnis von Kern und Mantel der Biko-Faser liegt bei 65/35. Im Vergleich zu einer reinen PLA-Komponente konnte die Zugfestigkeit (65 MPa) und der E-Modul (3,6 GPa) um 242,1 % bzw. 33,3 % gesteigert werden.

Fazit: Die aufgeführten Arbeiten bzw. erhältlichen PLA-Polymere zur Herstellung von Fasern zeigen, dass Biko-Fasern aus reinem PLA, bestehend aus einer Kernkomponente mit höherer Zugfestigkeit und höherem E-Modul, nicht verfügbar sind. Die für das Forschungsvorhaben geplante Compoundierung einer hochfesten Kernkomponente und sowie das Verspinnen zu Bikofasern wurde bisher nicht wissenschaftlich untersucht und stellte eine entsprechende Neuheit dar.

3. Forschungsziel / Ergebnisse

3.1. Forschungsziel

Das Ziel des Forschungsprojektes PLA^2 war die Entwicklung von neuartigen Hochleistungs-PLA-Biko-Fasern (PLA^2-Fasern), siehe Abbildung 5. Essentiell war hierbei die Entwicklung einer hochschmelzenden, kristallinen Kernkomponente mittels der Compoundierung und der Nachweis der Verspinnbarkeit im Schmelzspinnprozess.

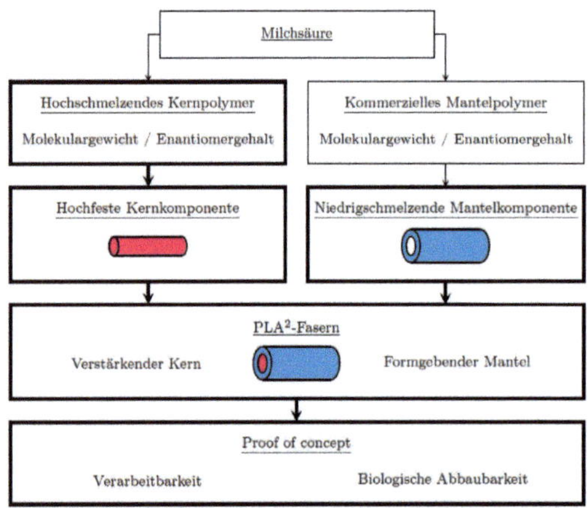

Abbildung 5: Schematische Darstellung des Projektes

Im Anschluss sollte die Kernkomponente mit einer niederschmelzenden, amorphen Mantelkomponente, bestehend aus einem auf dem Markt verfügbaren PLA-Polymer, kombiniert und zu Bikofasern versponnen werden. Somit sollten PLA^2-Fasern mit der Kernkomponente als tragendes Gerüst und der Mantelkomponente als formgebendes Element entstehen. Dabei wurde angestrebt, die Zugfestigkeit und den E-Modul um 10 % bis 20 % im Vergleich zu den derzeit erhältlichen PLA-Fasern zu erhöhen. Im weiteren Projektverlauf stand die Validierung im Fokus: Zur Bewertung der Verarbeitbarkeit sollten aus den neuartigen PLA^2-Fasern Demonstratoren in Form von SPFVW und 3D-Druckerzeugnissen hergestellt werden. Ebenso war die biologische Abbaubarkeit Teil der Untersuchungen.

3.2. Forschungsergebnisse

In den nachfolgenden Unterkapiteln werden die Ergebnisse des Forschungsprojektes aufgezeigt. Dies beinhaltet zunächst die Compoundierung des hochschmelzenden PLA-Blends mit der Stereokomplex-Kristallstruktur. Es folgt die Weiterverarbeitung des scPLA-Blends zu einer Faser im Schmelzspinnprozess. Ebenfalls wird die Herstellung von Bikofasern mit teilkristallinem Kern vorgestellt. Als letztes wird auf die Weiterverarbeitung der Bikofaser im 3D-Druck und zum Faserverbundwerkstoff sowie auf die Abbaubarkeit der gesponnenen Fasern eingegangen.

3.2.1. Entwicklung PLA-Compound (AP 1)

Zur Erzeugung eines PLA-Compounds bzw. eines PLA-Blends mit Stereokomplex-Kristallstruktur wurden als Ausgangsmaterialien reines PLLA und reines PDLA, jeweils von TotalEnergies Corbion, verwendet. Die im Forschungsantrag ebenfalls aufgeführte Berücksichtigung verschiedener PLLA- und PDLA-Materialien mit verschiedenen Molekulargewichten war nicht möglich da die Materialien nicht auf dem Markt verfügbar waren. Daher wurde die Compoundierung ausschließlich mit den oben beiden genannten PLA-Materialien durchgeführt. Tabelle 2 gibt eine Übersicht über die Eigenschaften der Materialien anhand der Datenblätter. [36,37]

Tabelle 2: Eigenschaften der PLA-Materialien für die Compoundierung

	PDLA	**PLLA**
Bezeichnung bei TotalEnergies Corbion	Luminy D120 (D-Anteil > 99 %)	Luminy L130 (L-Anteil > 99 %)
Glasübergangstemperatur T_G	60 °C	60 °C
Schmelztemperatur T_M	180 °C	180 °C
Kristallisationsgrad K	51,9 %	45,8 %

Es ist zu erkennen, dass beide Materialien gleiche Glasübergangs- und Schmelztemperaturen besitzen. Sie unterscheiden sich lediglich im Kristallisationsgrad. Die Berechnung des Kristallisationsgrades K erfolgt anhand des Thermogramms aus der DSC-Analyse in Abbildung 6 auf der nächsten Seite aus der Summe von Kristallisationsenthalpie ΔH_K und Schmelzenthalpie ΔH_M im Verhältnis zur Schmelzenthalpie einer 100 % kristallinen Struktur $\Delta H_{M100\%}$, siehe *Gl. 1* auf der nächsten Seite. Für letztere wurde der aus der Literatur bekannte Wert für PLA von 93,1 J/g verwendet. [26]

$$K = \frac{\Delta H_K + \Delta H_M}{\Delta H_{M100\%}} \quad (1)$$

Mit einer TA Instruments Q2000 Differential Scanning Calorimeter (DSC) wurde nach DIN EN ISO 11357-1 das thermische Verhalten analysiert. Die Proben wurden in einer Stickstoffumgebung mit konstanten Heizraten von 10 K/min erhitzt und gekühlt. Das Temperaturfenster reichte von Raumtemperatur bis oberhalb der Schmelztemperatur. Zur Analyse der rheometrischen Eigenschaften der Polymere nach DIN ISO 6721-1 wurde ein TA Instruments AR 2000x Rheometer mit folgenden Einstellungen verwendet.

- Platte-Platte-Rheometer oszillierend mit 5 Hz
- Konstante Aufheiz- und Abkühlraten von 5 K/min
- Temperaturfenster: 120 °C < Schmelztemperatur < 260 °C

Abbildung 6 zeigt für beide PLA-Materialien in der DSC-Kurve die Schmelztemperatur von 180 °C. Die Aufheizkurve der Rheologie-Messung zeigt, dass beide Materialien bei 180 °C komplett aufgeschmolzen sind und die komplexe Viskosität dann mit zunehmender Temperatur exponentiell abnimmt.

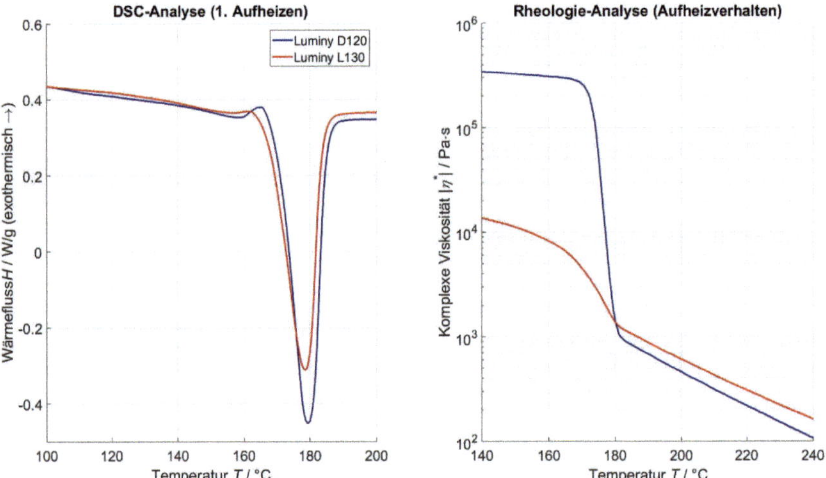

Abbildung 6: DSC-Analyse (links) und Rheologie-Analyse (rechts) der beiden PLA-Materialien für die Compoundierung

Für die Herstellung von Fasern im Schmelzspinnprozess liegt das Verarbeitungsfenster entsprechend oberhalb von 180 °C und unterhalb der generell empfohlenen Maximaltemperatur von 250 °C aufgrund der thermischen Degradation. [38] Ebenso gilt dieses Temperaturverarbeitungsfenster für die Generierung eines scPLA-Blends mittels Compoundierung. Es wurden verschiedene Mischungsverhältnisse generiert, um eine erhöhte Schmelztemperatur im Vergleich zu den derzeit auf dem Markt verfügbaren PLA-Typen zu erzielen. Verschiedene Prozessparameter (Extrudertemperaturen, Extruderdrehzahl, Durchsatz, Düsentyp) wurden variiert.

Durch eine angepasste Prozessführung konnte das scPLA-Blend innerhalb der Compoundierung generiert werden. Dabei wurde ein anderes Vorgehen als bei der klassischen Kunststoffmodifizierung entwickelt: Bei der klassischen Kunststoffmodifizierung werden die Ausgangsmaterialien in Form von Kunststoffgranulaten, Fasern oder Partikel während der Extrusion zusammengebracht. Der Endlosstrang wird im Anschluss in einem Wasserbad gekühlt und endlich granuliert. [39] Abbildung 7 zeigt für die Compoundierung des scPLA-Blends, dass die beiden Ausgangsmaterialien PDLA und PLLA – nach einer 24-Stunden-Trocknung bei 60 °C in einem Vakuumtrockenschrank – mit zwei Dosierern der Fa. Coperion mit einem Massedurchsatz von jeweils 1 kg/h dem Doppelschneckenextruder der Fa. Leistritz zugeführt wurden.

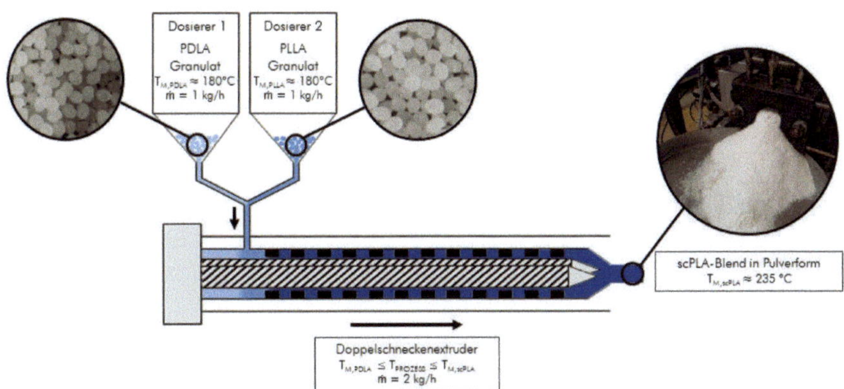

Abbildung 7: Compoundierprozess zur Herstellung des scPLA-Blends

Innerhalb des Doppelschneckenextruders wurden beide Materialien vermischt und mit 2 kg/h befördert. Die Besonderheit in diesem Prozess liegt im Vergleich zum klassischen

Compoundieren darin, dass nicht, wie oben beschrieben, eine Schmelze extrudiert wird. Stattdessen wird durch eine Temperatureinstellung im Doppelschneckenextruder, die oberhalb der Schmelztemperaturen der Ausgangsmaterialien ($T_{M,PDLA} \approx T_{M,PLLA} \approx 180\,°C$) und gleichzeitig unterhalb der Schmelzetemperatur des sc-PLA-Blends ($T_{M,scPLA} \approx 235\,°C$) liegt, ein Temperaturfenster gebildet, in dem der PLA-Stereokomplex entsteht und als Pulver ausfällt.

Abbildung 8 zeigt die DSC- und Rheologie-Kurven der beiden Ausgangsmaterialien sowie des scPLA-Blends. Das 1. Aufheizen des scPLA-Blends zeigt keinen Schmelzbereich mehr bei der klassischen Schmelztemperatur von ca. 180 °C. Stattdessen ist das Aufschmelzen der Stereokomplex-Kristallstruktur bei 235 °C zu erkennen. Die Schmelztemperatur des scPLA-Blends konnte im Thermogramm um 55 °C erhöht werden. Das Aufheizverhalten des sc-PLA-Blends in der Rheologie-Analyse zeigt, dass das Material bei 235 °C komplett aufgeschmolzen ist. Bei dieser Temperatur liegt bereits eine deutlich niedrigere komplexe Viskosität im Vergleich zu den Ausgangsmaterialien vor. Mit zunehmender Temperatur fällt im Anschluss die komplexe Viskosität ebenfalls exponentiell.

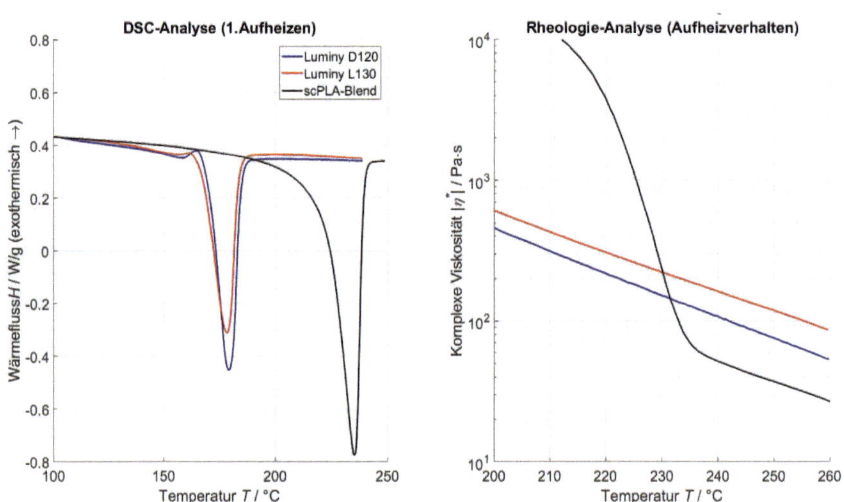

Abbildung 8: DSC-Analyse (links) und Rheologie-Analyse (rechts) der PLA-Ausgangsmaterialien und des sc-PLA-Blends

Tabelle 3 auf der nächsten Seite zeigt die Eigenschaften der PLA-Ausgangsmaterialien und des sc-PLA-Blends. Die Glasübergangstemperatur bleibt unverändert, die Schmelztemperatur konnte um 55 °C erhöht werden.

Tabelle 3: Eigenschaften der PLA-Ausgangsmaterialien und des sc-PLA-Blends

	PDLA	PLLA	scPLA
Glasübergangstemperatur T_G	60 °C	60 °C	60 °C
Schmelztemperatur T_M	180 °C	180 °C	235 °C
Kristallisationsgrad K	51,9 %	45,8 %	59,7 %

Die Berechnung des Kristallisationsgrades des sc-PLAs erfolgte, wie oben beschrieben, anhand von *Gl. 1*, jedoch beträgt die Schmelzenthalpie einer 100 % kristallinen Stereokomplex Struktur $\Delta H_{M100\%}$ 146 J/g. [13] Der höhere Kristallisationsgrad K des sc-PLA-Blends im Vergleich zu den Ausgangsmaterialen zeigt das Potential auf, sc-PLA-Garne mit höherer Zugfestigkeit und höherem E-Modul – als die derzeit auf dem Markt erhältlichen PLA-Polymere – zu entwickeln, so wie es die Literatur vorgibt. [11,12]

Abbildung 9 auf der nächsten Seite zeigt das erste und zweite Aufheizen des scPLA-Blends aus der DSC-Analyse. Die Glasübergangstemperatur ist bei 60 °C zu erkennen. Es ist ebenfalls zu sehen, dass beim 2. Aufheizen eine Entmischung stattfindet, mit folgenden Effekten:

- Der Stereokomplex-Anteil wird geringer.
- Die Schmelztemperatur vom Stereokomplex-Anteil sinkt auf ca. 220 °C.
- Ein kristalliner Anteil entsteht mit einer Schmelztemperatur von 175 °C.
- Bei ca. 160 °C findet ein geringes Nachkristallisieren statt, welches direkt in das Aufschmelzen übergeht.
- Der Hauptteil des Nachkristallisierens liegt bei 100 °C.

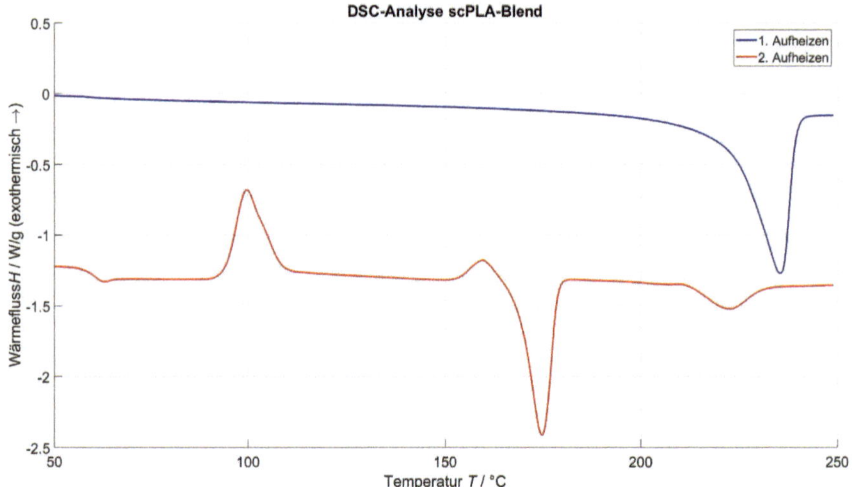

Abbildung 9: Erstes und zweites Aufheizen der DSC-Analyse des scPLA-Blends

Die Tatsache, dass beim zweiten Aufheizen ein Zweiphasensystem entsteht, ist für die Weiterverarbeitung des scPLA-Blends zu einer Faser im Schmelzspinnprozess von großer Bedeutung und wird im nächsten Kapitel ausführlich erörtert. Abbildung 10 auf der nächsten Seite zeigt die DSC-Analytik des scPLA-Blends, durchgeführt von der ITV Denkendorf Produktservice GmbH aus dem PBA. Beim ersten Aufheizen ist die Glasübergangstemperatur von 60 °C sowie Stereokomplex-Kristallstruktur mit der Schmelztemperatur von 235 °C deutlich zu erkennen, vgl. Abbildung 8. Das zweite Aufheizen zeigt ebenfalls das Entmischen und die zweite Schmelztemperatur bei 175 °C.

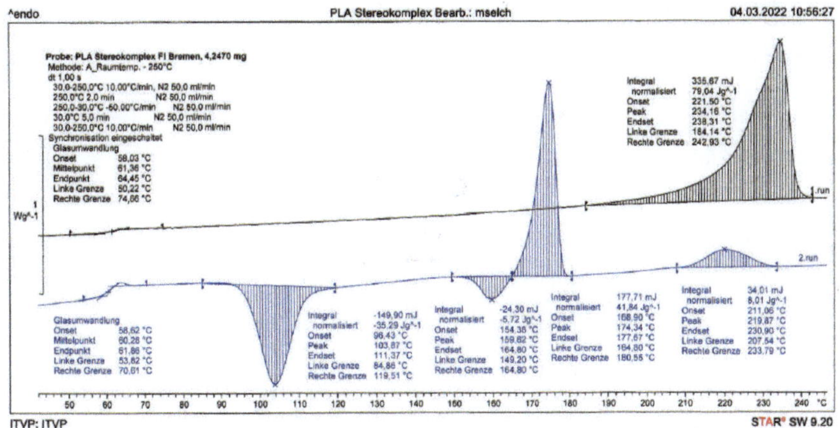

**Abbildung 10: DSC-Analyse des scPLA-Blends durch das
ITV Denkendorf Produktservice GmbH**

Die Reproduzierbarkeit der Ergebnisse wird anhand von Abbildung 11 erörtert. Zu sehen sind sechs verschiedene DSC-Kurven des scPLA-Blends.

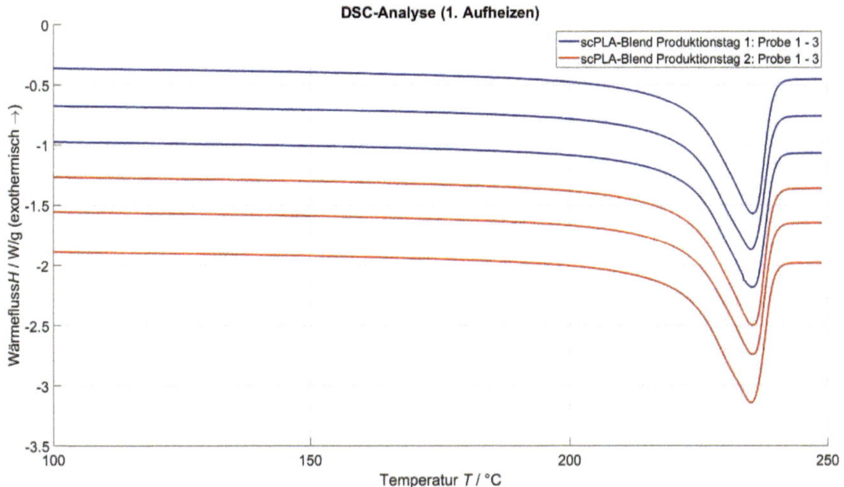

Abbildung 11: DSC-Analyse des scPLA-Blends von zwei Produktionstagen

Das Material wurde an zwei verschiedenen Produktionstagen hergestellt. Dabei wurden von der hergestellten Menge jeweils drei zufällige Materialproben entnommen und analysiert. Zu sehen sind sechs identische Verläufe mit Schmelztemperaturen von 235 °C. Die Rheologie-

Verläufe der sechs Proben sind ebenfalls identisch. Somit ist die Reproduzierbarkeit der Ergebnisse gewährleistet.

Die anderen Prozessparameter des Compoundierens haben mit Blick auf das entwickelte scPLA-Blend folgenden Einfluss auf das Ergebnis:

- Eine Erhöhung der Extrudertemperatur führt zu einem Zweiphasensystem mit zwei Schmelzbereichen, dem von PDLA/PLLA sowie dem vom scPLA
- Mit zunehmender Extruderdrehzahl nimmt die Verweilzeit ab und die Scherung zu. Letztere wirkt sich negativ auf die Materialeigenschaften aus.
- Ein zunehmender Durchsatz führt zu einem höheren Befüllungsgrad und zu Zweiphasensystem mit zwei Schmelzbereichen, den von PDLA/PLLA sowie den vom scPLA.
- Der Düsentyp hat keinen Einfluss auf den Prozess.

Im nächsten Kapitel wird die Verarbeitung des scPLA-Blends im Schmelzspinnprozess zu einer hochfesten Kernfaser als Basis für die im übernächsten Kapitel beschriebene Bikofaser erörtert.

3.2.2. Verfahrensentwicklung Kernfaser (AP 2)

Für das entwickelte und im vorherigen Kapitel beschriebene scPLA-Blend mit seiner besonderen Kristallstruktur sowie der niedrigen Verarbeitungsviskosität nach Abbildung 8 lagen keine Parameterkonfigurationen für eine stabile Extrusion vor. Angestrebt wurde die Herstellung eines Garns mit einer Feinheit von 240 dtex und 36 Einzelfilamenten (240f36). Bei einer vorgesehenen Wickelgeschwindigkeit von 740 m/min entspricht dies einem Massedurchsatz von ca. 1,05 kg/h. Das scPLA-Blend wurde in einem Einschneckenextruder aufgeschmolzen und durch eine 36-Loch-Düse mit einem Düsendurchmesser von 0,5 mm und mit einem L/D-Verhältnis von 2,5 befördert. Dabei betrug die Düsentemperatur 230 °C und der Düsendruck 10 bar. Zahlreiche Untersuchungen und damit einhergehend Temperaturanpassungen für eine funktionierende Extrusion mit einer stabilen Druckregelung waren notwendig. Im nächsten Prozessschritt wurde die Verstreckbarkeit und die Thermofixierung des Multifilaments untersucht, die zusammen maßgeblich für die resultierenden Fasereigenschaften verantwortlich sind. Dabei konnte das extrudierte Material auf dem Verstreckfeld mit der Spinnpräparation Duron NV15 von CHT unter einer Maximaltemperatur von 125 °C bis zu einem Verstreckungsgrad von 1:4,5 zweistufig verstreckt und anschließend gewickelt werden. Eine Thermofixierung oberhalb der maximalen Verstrecktemperatur war nicht möglich.

Mit der Zugprüfeinheit Statimat 4U der Fa. Textechno wurde die Feinheiten sowie die Festigkeiten der gesponnenen Garne nach DIN EN ISO 2062 mit folgenden Einstellungen bestimmt:

- Automatische Feinheitsmessung:
    - o Probenlänge: 100 m
    - o Anzahl Wiederholungen: 5
- Automatische Zugprüfung:
    - o Probenlänge: 250 mm
    - o Vorspannkraft: 0,5 cN/tex
    - o Prüfgeschwindigkeit: 250 mm/min
    - o Anzahl Wiederholungen: 20

Mit dem Verstreckungsgrad von 1:4,5 konnte das sc-PLA-Multifilament mit den besten mechanischen Eigenschaften generiert werden, siehe Tabelle 4 auf der nächsten Seite.

Tabelle 4: Mechanische Eigenschaften des scPLA-Multifilaments 240f36

Festigkeit	E-Modul	Dehnung
22,74 cN/tex 281,52 MPa	4,70 N/tex 5,83 GPa	44,25 %

Diese Werte sind ähnlich der scPLA-Garne, die bisher im Labormaßstab entwickelt wurden. [17] Die Festigkeit liegt deutlich unterhalb der Festigkeiten der PLA-Garne mit 35 bis 40 cN/tex, die derzeit verfügbar sind. [5] Die Hauptursache für die geringe Festigkeit lässt sich anhand der DSC-Analyse des scPLA-Blends, der extrudierten Schmelze sowie des scPLA-Multifilaments erörtern, siehe Abbildung 12.

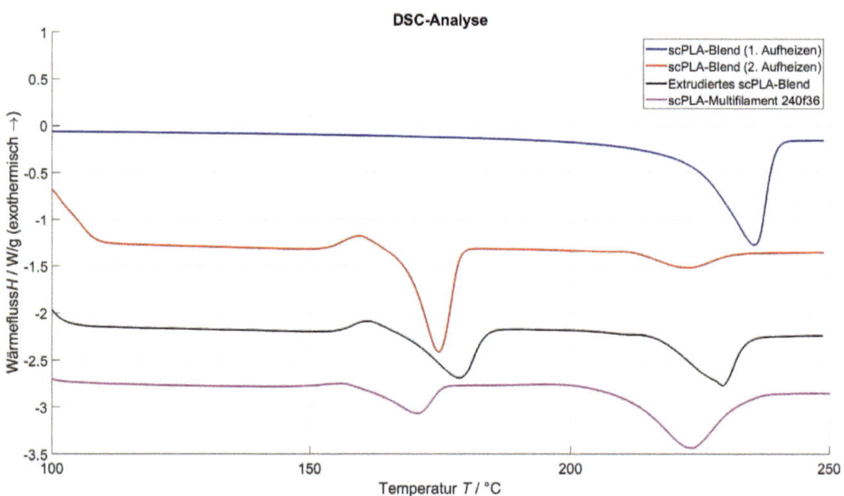

Abbildung 12: DSC-Analyse des scPLA-Blends vor und nach der Weiterverarbeitung

Bei der Betrachtung der extrudierten Schmelze ist – genauso wie beim zweiten Aufheizen des scPLA-Blends – deutlich zu erkennen, dass es zu einer Entmischung des Materials gekommen ist und dass in der extrudierten Schmelze sowohl die Kristallstruktur, die bei ca. 180 °C ihre Schmelztemperatur hat, als auch der Stereokomplex, der bei 230°C seine Schmelztemperatur hat, vorhanden sind. Es ist also ein Zweiphasensystem entstanden. Jedoch ist das Entmischen während der Extrusion im Einschneckenextruder, in der Schmelzleitung sowie in der Düse nicht so ausgeprägt wie bei der ruhenden DSC-Messung. Abbildung 12 zeigt ebenso, dass der Stereokomplex-Anteil durch das Verstrecken unter Spannung und Temperatur wieder zunimmt, jedoch nicht in dem Maße, dass er wieder zu 100 % vorliegt. Dieses Zweiphasensystem mit den zwei Kristallstrukturen sowie die amorphen Anteile im Material sind die Ursache für die geringe Festigkeit des sc-PLA-Multifilaments. Tabelle 5 zeigt die verschiedenen Kristallisationsgrade für die vier verschiedenen Materialien. Das Entmischen ist auch hier in Form der Kristallisationsgrade zu erkennen. Ebenso ist zu sehen, dass das Verstrecken den Stereokomplex-Anteil wieder wachsen lässt.

Tabelle 5: Kristallisationsgrade vom scPLA-Blend, extrudiertem scPLA-Blend und vom scPLA-Multifilament 240f36

	Kristallisationsgrad K	
	Kristallin	Stereokomplex
scPLA-Blend (1. Aufheizen)	x	59,7 %
scPLA-Blend (2. Aufheizen)	44,3 %	5,49 %
Extrudiertes scPLA-Blend	32,5 %	22,4 %
scPLA-Multifilament 240f36	17,0 %	40,1 %

In der Diskussion mit dem PBA und vor allen Dingen mit der Fa. Fourné als Schmelzspinnanlagenhersteller wurden folgende Veränderungen der Schmelzspinnanlage als notwendig angesehen, um das Entmischen des PLA-Materials zu verhindern:

- Mischtorpedo statt klassischer Einschnecke
- Statische Mischer in der Schmelzeleitung

Darüber hinaus bedarf es, angepasst an die geringe scPLA-Blend-Viskosität, einer Düsengeometrie mit einem sehr hohen L/D-Verhältnis für einen ausreichenden Druckaufbau beim Ausspinnen der Schmelze. Die Kosten für eine solche Anlagenmodifizierung belaufen sich laut der Fa. Fourné auf ca. 30.000 €. Entsprechend war ein Anlagenumbau innerhalb des Projektes nicht umsetzbar. Darüber hinaus gibt es weiteren Entwicklungsbedarf aufgrund einer solchen Anlagenmodifikation, um die Stereokomplex-Struktur bei der Extrusion und beim Ausspinnen aufrechtzuerhalten bzw. weiter auszuprägen.

Um das Projektziel nicht zu gefährden und im weiteren Projektverlauf eine PLA-Bikofaser herstellen zu können, wurde mit dem Ingeo 6100D von NatureWorks ein alternatives Material für den Kern in der Bikofaser verwendet. Ingeo 6100D besteht laut Herstellerangaben zu 99,7 % aus PLLA und zu 0,3 % aus PDLA.

Tabelle 6 auf der nächsten Seite zeigt die Eigenschaften des Materials. [23]

Tabelle 6: Eigenschaften des PLA-Materials für die Kernfaser

Bezeichnung bei NatureWorks	Ingeo 6100D (L-Anteil > 99 %)
Glasübergangstemperatur T_G	60 °C
Schmelztemperatur T_M	180 °C
Kristallisationsgrad K	50,5 %

Ebenso zeigt Abbildung 13 das thermische und rheologische Verhalten des Materials. Auch in diesem Fall ist das Material oberhalb von 180 °C zu verarbeiten. Es wurde im Einschneckenextruder aufgeschmolzen und durch die oben bereits beschrieben 36-Loch-Düse bei 190 °C befördert. Dabei betrug der Düsendruck ca. 40 bar. Im Anschluss wurde das Garn mit der oben bereits erwähnten Spinnpräparation bei einer Maximaltemperatur von 135 °C verstreckt und bei einer Geschwindigkeit von 740 m/min gewickelt.

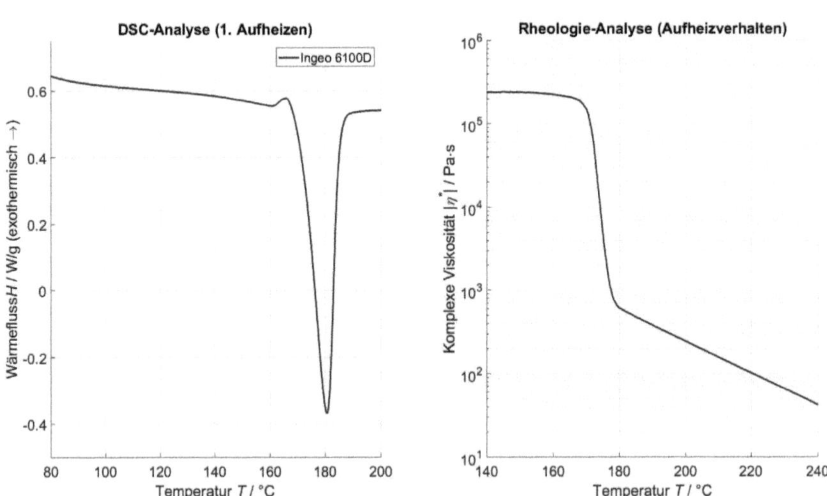

Abbildung 13: DSC-Analyse (links) und Rheologie-Analyse (rechts) des PLA Ingeo 6100D von NatureWorks

Abbildung 14 auf der nächsten Seite zeigt die feinheitsbezogene Festigkeit sowie die Dehnung in Abhängigkeit vom Verstreckungsgrad nach der Garnzugprüfung. Zu sehen ist, das mit zunehmenden Verstreckungsgrad die Festigkeit zunimmt und die Dehnung abfällt – die klassischen Effekte beim Verstrecken. [40] Der „Knick" bei der Festigkeit beim

Verstreckungsgrad von 3,5 ist damit zu begründen, dass bis zu diesem Grad das Garn einstufig verstreckt wurde und danach zweistufig.

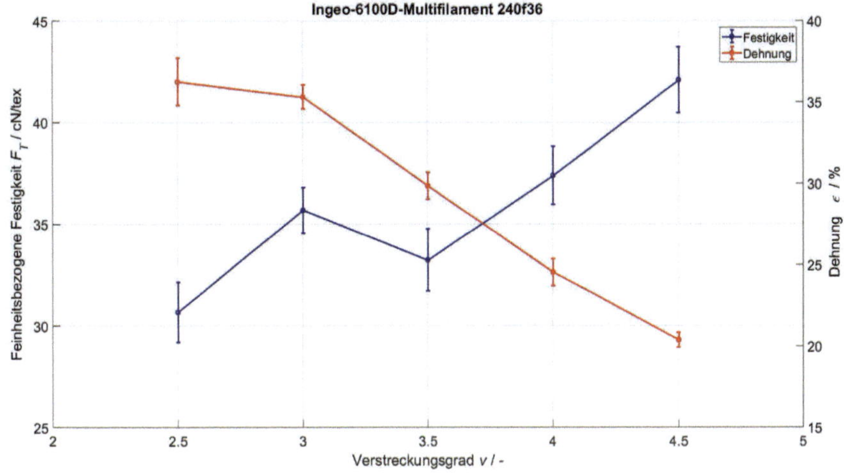

Abbildung 14: Festigkeit und Dehnung des Ingeo-6100D-Multifilaments 240f36

Tabelle 7 zeigt die bestmöglichen mechanischen Eigenschaften des Ingeo-6100D-Multifilaments 240f36 für den Verstreckungsgrad 1:4,5. Diese Werte entsprechen in etwa auch den mechanischen Eigenschaften eines PLA-Garns, welches von Trevira hergestellt wurde. [41]

Tabelle 7: Mechanische Eigenschaften des Ingeo-6100D-Multifilaments 240f36

Festigkeit	E-Modul	Dehnung
42,10 cN/tex 522,02 MPa	7,36 N/tex 9,13 GPa	20,38 %

Auf Basis der in diesem Kapitel beschriebenen Verfahrensentwicklung zur Herstellung der Kernfasern wird im nächsten Schritt und damit im nächsten Kapitel die Bikofaser vorgestellt.

3.2.3. Verfahrensentwicklung PLA²-Fasern (AP 3)

In diesem Kapitel steht die Entwicklung der PLA-Bikofasern im Fokus. Diese setzt sich aus dem im vorherigen Kapitel beschriebenen Kernpolymer Ingeo 6100D und aus dem Mantelpolymer Ingeo 6302D (heute: 6060D) zusammen. Tabelle 8 zeigt die Eigenschaften für das teilkristalline Kernmaterial und das amorphe Mantelmaterial. [22,23]

Tabelle 8: Eigenschaften der PLA-Materialien für die Bikofaser

	Kernmaterial	Mantelmaterial
Bezeichnung bei NatureWorks	Ingeo 6100D (L-Anteil > 99 %)	Ingeo 6302D (L-Anteil $\approx$ 90 %)
Glasübergangstemperatur T_G	60 °C	60 °C
Schmelztemperatur T_M	180 °C	135 °C
Kristallisationsgrad K	50,5 %	x

In Abbildung 15 sind die DSC- und Rhelogie-Analyse der beiden Materialien für die Bikofaser zu sehen. Die DSC-Analyse zeigt für das amorphe Mantelmaterial (Ingeo 6302D) keinen Aufschmelzbereich. Die Viskositäten der beiden Materialien oberhalb von 180 °C sind nahezu identisch was für die Weiterverarbeitung zur Bikofaser von Vorteil ist.

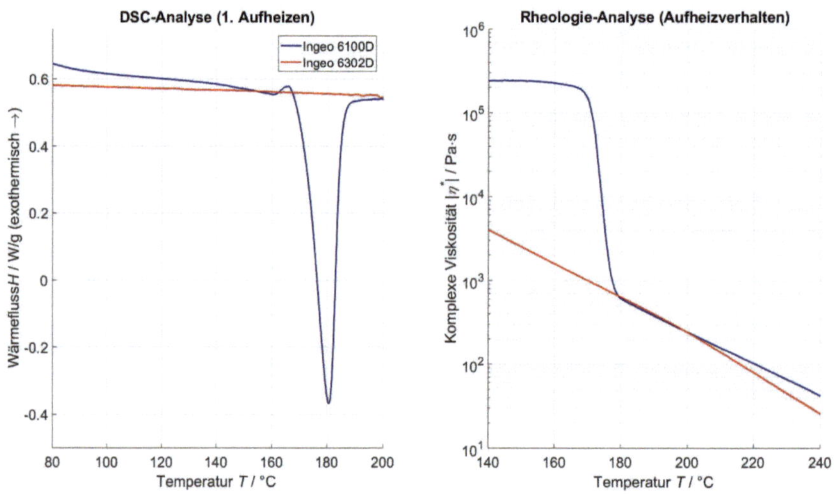

Abbildung 15: DSC-Analyse (links) und Rheologie-Analyse (rechts) der PLA Ingeo Materialien 6100D und 6302D von NatureWorks

Zunächst wurde das amorphe Mantelmaterial zu einer reinen Faser weiterverarbeitet, um mit Blick auf die Entwicklung der Bikofaser die Extrusion und die Verstreckung besser beurteilen zu können. Genau wie beim teilkristallinen Kernmaterial im Kapitel zuvor wurde die 36-Loch Düse verwendet und ein Garn mit einer Feinheit von 240 dtex bei einer Wickelgeschwindigkeit von 740 m/min hergestellt. Das Material wurde im Doppelschneckenextruder aufgeschmolzen und der Düsendruck betrug bei 190 °C ca. 30 bar. Auch für diese Verstreckung wurde die Spinnpräparation Duron NV15 von CHT verwendet. Die Maximaltemperatur auf den Galetten bei der einstufigen Verstreckung betrug 100 °C. Die Garnzugprüfung ergab in Abhängigkeit vom Verstreckungsgrad Festigkeiten zwischen 20 und 30 cN/tex und Dehnungswerte zwischen 20 und 40 %, siehe Abbildung 16. Dabei konnte ein maximaler Verstreckungsgrad von 1:5 erreicht werden.

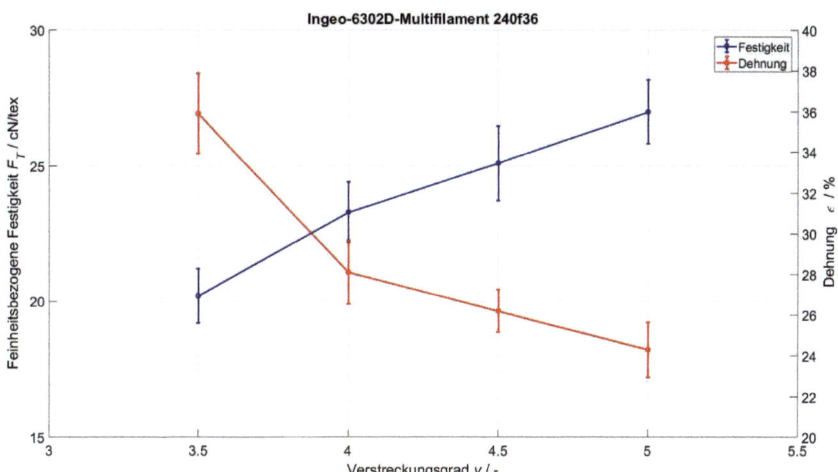

Abbildung 16: Festigkeit und Dehnung des Ingeo-6302D-Multifilaments 240f36

Tabelle 9 auf der nächsten Seite zeigt die bestmöglichen mechanischen Eigenschaften des Ingeo-6302D-Multifilaments 240f36 für den Verstreckungsgrad 1:5. Die mechanischen Eigenschaften des Mantelmaterials spielen jedoch eine untergeordnete Rolle, da der Mantel mit Blick auf die spätere Anwendung im nächsten Kapitel (Faserverbundwerkstoff und 3D-Druck) ausschließlich formgebend sein soll.

Tabelle 9: Mechanische Eigenschaften des Ingeo-6302D-Multifilaments 240f36

Festigkeit	E-Modul	Dehnung
27,05 cN/tex 335,42 MPa	5,85 N/tex 7,25 GPa	24,31 %

Hinsichtlich der Entwicklung der Bikofaser sind folgende Erkenntnisse nach der separaten Verarbeitung der beiden Bikofaser-Materialien wichtig:

- Kern- und Mantelmaterial lassen sich bei der Extrusion bei gleichen Temperaturen verarbeiten und besitzen nahezu gleiche komplexe Viskositäten (Abbildung 15).

- Beide Materialien lassen sich auf dem Verstreckfeld bei ähnlichen Verstreckungsgraden unter Temperatur verstrecken (Abbildung 14 und Abbildung 16).

Die Herangehensweise für das Mantel-Kern-Verhältnis der Bikofaser war folgende: Die Feinheit der Kernfaser bleibt gleich, also 240 dtex bei 36 Einzelfilamenten. Das Mantelmaterial wird entsprechend „um die Kernfaser gelegt". Dabei wird mit Blick auf die spätere Anwendung der Bikofaser im Faserverbundwerkstoff zunächst eine nahezu quadratische Anordnung der Kernfasern angenommen, siehe Abbildung 17. Daraus ergibt sich ein Matrixanteil von 21,5 % der, auch in Absprache mit dem PBA auf 25 % aufgerundet wurde. Das bedeutet für das Mantelmaterial eine Feinheit von 80 dtex bei 36 Einzelfilamenten und für die Bikofaser eine Gesamtfeinheit von 320 dtex bei 36 Einzelfilamenten. Die identische Dichte der beiden PLA-Materialien von 1,24 g/cm³ ermöglicht diese vereinfachte Betrachtung.

Abbildung 17: Faservolumengehalt bei quadratischer Faseranordnung nach [42]

Für die Herstellung der Bikofaser wurde eine 60-Loch Düsenplatte genutzt in welcher Kern- und Mantelmaterial zusammengeführt und entsprechend 60 einzelne Bikofasern erzeugt werden. Der Durchmesser jeder einzelnen Borhung beträgt 0,3 mm, die Länge 0,6 mm. Somit liegt das L/D-Verhältnis für diese Düsenplatte bei 2. Die Feinheit der 60-Loch Bikofaser muss entsprechend hochskaliert werden, um die Feinheit jedes Filaments nach der obigen Berechnung gleich zu halten. Entsprechend ergibt sich eine Gesamtfeinheit der Bikofaser von 530 dtex bei 60 Einzelfilamenten (530f60). Tabelle 10 auf der nächsten Seite zeigt die

Parametereinstellungen für die Herstellung der Bikofaser bei der Extrusion und Verstreckung mit einem Kern/Mantel-Verhältnis von 75/25. Auch hier wurde die Faser zweistufig verstreckt.

Tabelle 10: Parametereinstellung Bikofaser 530f60

	Ingeo-6100D-6302D-Bikofaser-Multifilament 530f60	
	Kern	**Mantel**
Material	Ingeo 6100D	Ingeo 6302D
Aufteilung	75 %	25 %
Extrudertyp	Einschnecke	Doppelschnecke
Massedurchsatz	ca. 1,75 kg/h	ca. 0,58 kg/h
Düsendruck	ca. 65 bar	ca. 45 bar
Präparation	Duron NV15 (CHT)	
Max. Verstrecktemperatur	90 °C	
Wickelgeschwindigkeit	740 m/min	

Die theoretische Berechnung des Einzelfilamentdurchmessers der Bikofaser ergibt mit der Feinheit von 530 dtex und der Materialdichte von 1,24 g/cm^3 einen Wert von ca. 30 μm. Abbildung 18 auf der nächsten Seite zeigt REM- und Drauflicht-Mikroskopie-Aufnahmen der gesponnenen Bikofaser.

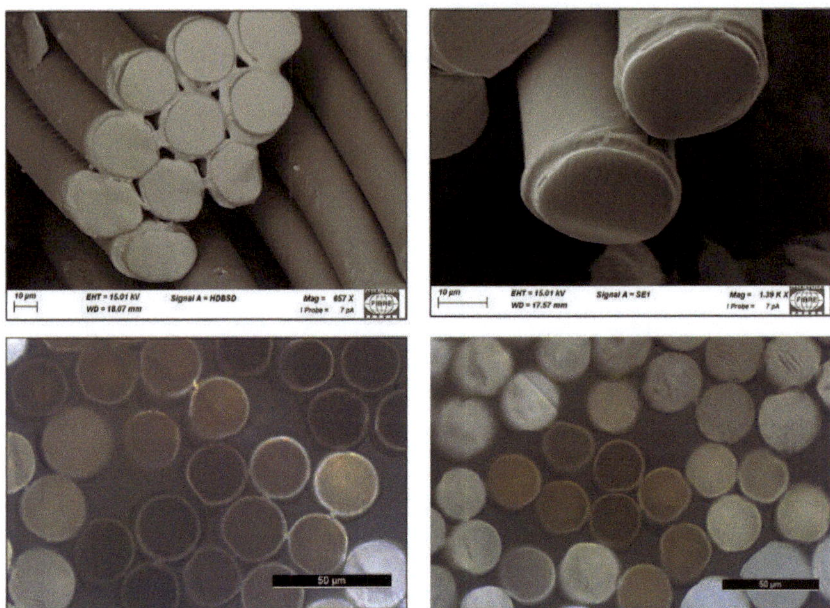

Abbildung 18: REM-Aufnahmen (oben) und Drauflicht-Mikroskopie-Aufnahmen (unten) des Ingeo-6100D-6302D-Bikofaser-Multifilament 530f60 mit einem Kern/Mantel-Verhältnis von 75/25

Die Kern-Mantel-Struktur und das Verhältnis 75/25 ist deutlich zu erkennen und ebenso anhand des Maßstabes der Einzelfilamentdurchmesser von ca. 30 μm. Abbildung 19 auf der nächsten Seite zeigt die DSC-Analyse des Ingeo-6100D-6302D-Bikofaser-Multifilaments 530f60. Hier sind zwei Schmelzpeaks zu erkennen die entsprechend den beiden verwendeten Materialien zuzuordnen sind: Die erste Schmelztemperatur liegt bei 130 °C. Diese zeigt, dass das amorphe Mantelmaterial beim Verstreckprozess unter Temperatur modifiziert wurde und ein kristalliner Anteil erzeugt wurde. Das zweite Aufschmelzen bei 170 °C ist dem teilkristallinen Kern zuzuordnen. In Tabelle 11 sind die beiden Kristallisationsgrade aufgelistet.

Tabelle 11 :Kristallisationsgrade des Ingeo-6100D-6302D-Bikofaser-Multifilaments 530f60

	Kernmaterial	Mantelmaterial
Kristallisationsgrad K	41,7 %	1,34 %

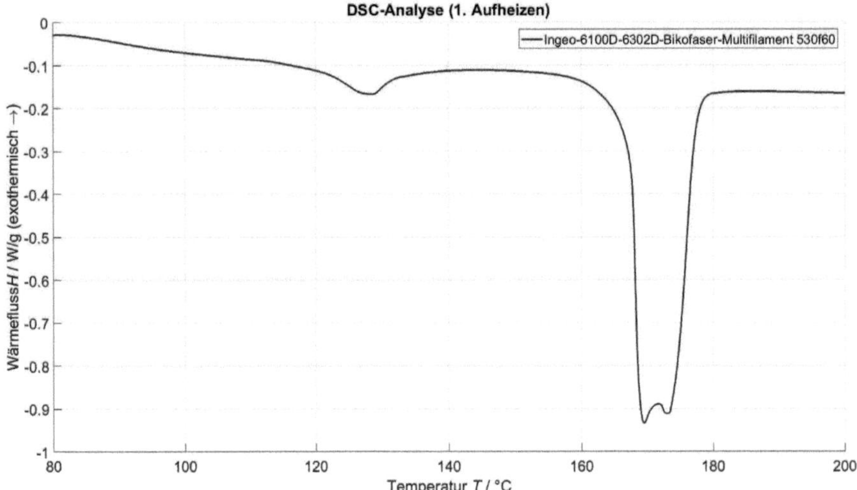

Abbildung 19: DSC-Analyse des Ingeo-6100D-6302D-Bikofaser-Multifilaments 530f60

Im weiteren Verlauf wurden zwei Parameter bei der Herstellung der Bikofaser variiert: Das Kern-Mantel-Verhältnis sowie der Verstreckungsgrad. Tabelle 12 zeigt, welche Parametereinstellungen konkret vorgenommen wurden:

Tabelle 12: Parametervariation bei der Bikofaser-Herstellung

82/18	490 dtex		x	x	
75/25	530 dtex	x	x		x
65/35	615 dtex		x		
Kern-Mantel-Verhältnis	**Feinheit**	1:3,5	1:4	1:4,3	1:4,5
		Verstreckunsgrad			

Dabei wurde, wie bereits oben dargestellt, die Feinheit der Kernfaser konstant gehalten und entsprechend nur der Mantelanteil variiert. Somit verändert sich mit jedem Kern-Mantel-Verhältnis auch die Feinheit der Bikofaser. Das Maximum aus Kern-Mantel-Verhältnis (82/18) und Verstreckungsgrad (1:4,3) wurde ebenfalls untersucht.

Abbildung 20 auf der nächsten Seite zeigt die Festigkeit und den E-Modul – jeweils feinheitsbezogen – für die verschiedenen Verstreckungsgrade und Kern-Mantel-Verhältnisse nach Tabelle 12. Es ist zu erkennen, dass mit zunehmenden Verstreckungsgrad die

27

mechanischen Eigenschaften besser werden. Eine Erhöhung des Kernanteils führt ebenfalls zu einer Erhöhung der mechanischen Eigenschaften, da der Anteil der tragenden Komponente erhöht wird. Andererseits ist bei einer Erhöhung des Mantelanteils mit verbesserten Bondingeigenschaften bei der Weiterverarbeitung zum Faserverbundwerkstoff oder im 3D-Druck zu rechnen.

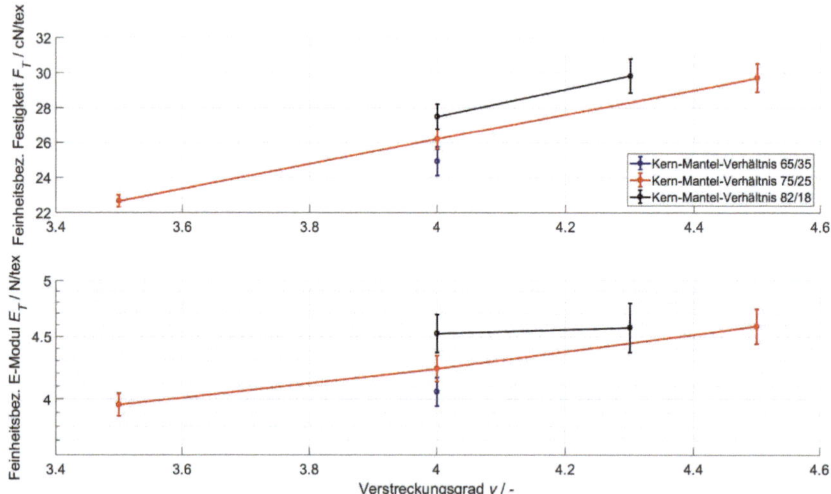

Abbildung 20: Festigkeit und Dehnung der Bikofaser 530f60 in Abhängigkeit vom Verstreckungsgrad und Kern-Mantel-Verhältnis

Die bestmöglichen mechanischen Eigenschaften der Bikofaser lassen sich mit einem Verstreckungsgrad von 1:4,3 sowie einem Kern-Mantel-Verhältnis von 82/18 erzielen. Die entsprechenden Werte sind in Tabelle 13 aufgelistet.

Tabelle 13: Mechanische Eigenschaften des Ingeo-6100D-6302D-Bikofaser-Multifilaments 490f60 mit einem Kern-Mantel-Verhältnis von 82/18 für den Verstreckungsgrad 1:4,3

Festigkeit	E-Modul	Dehnung
29,83 cN/tex 369,89 MPa	4,58 N/tex 5,67 GPa	32,98 %

Im folgenden Kapitel wird zunächst die Untersuchung der biologischen Abbaubarkeit der Fasern, die in den vorherigen Kapiteln beschrieben wurden, dargestellt. Ebenso wird die Weiterverarbeitung der Bikofasern zum Faserverbundwerkstoff und die Verarbeitung im 3D-Druck vorgestellt.

3.2.4. Proof of Concept (AP 4)

In diesem Kapitel wird die Validierung der hergestellten Garne hinsichtlich ihrer Eigenschaften beschrieben: Zum einen durch die Untersuchungen des biologischen Abbaus, zum anderen durch die Herstellung von Demonstratoren.

Untersuchung der biologischen Abbaubarkeit

Folgende drei Fasern, die im Rahmen des Forschungsprojektes im Schmelzspinnprozess hergestellt wurden, wurden hinsichtlich ihrer biologischen Abbaubarkeit untersucht.

- Ingeo-6100D-Multifilament 240f36
- Ingeo-6302D-Multifilament 240f36
- Ingeo-6100D-6302D-Bikofaser-Multifilament 530f60

In eigenen Untersuchungen wurden die Garne für acht Wochen vier verschiedenen Medien (Witterung, Wasser, Erde und Klimaschrank) ausgesetzt. [43] Wöchentlich wurden Proben entnommen und Zugprüfungen und DSC-Messungen durchgeführt. Die experimentelle Untersuchung der biologischen Abbaubarkeit in Erde, Wasser und unter natürlichen Witterungsverhältnissen ergaben keine signifikante Veränderung der Garne hinsichtlich Festigkeit und Kristallinität für diesen Versuchszeitraum. Die Untersuchungen im Klimaschrank bei 60 °C und 98 % Luftfeuchtigkeit ergaben hingegen deutliche Festigkeitsverluste und geringere Kristallisationsgrade in der DSC-Analyse. Diese Untersuchungen zeigen, dass eine technische Kompostierung von PLA notwendig ist, um das Material abzubauen. [8]

Bei der ITV Denkendorf Produktservice GmbH aus dem PBA wurden medizinische Degradationsversuche mit den drei oben aufgelisteten Garnen durchgeführt. Diese fanden in isotonischer Kochsalzlösung bei 37 °C statt. Bestimmt wurde die Retention der linearen Festigkeit (LTS) zu verschiedenen Zeitpunkten. Pro Garntype und Degradationszeitpunkt wurden sieben Einzelmessungen durchgeführt (Einspannung von Hand, nicht automatisiert). Abbildung 21 auf der nächsten Seite zeigt die Retention der Festigkeit und die Retention der Dehnung der drei verschiedenen Garne in Abhängigkeit des Degradationszeitraums von 24 Wochen. Folgende Effekte sind zu beobachten:

- Für das 6302D-Garn liegt ein klassisches Abbauverhalten vor: Festigkeit und Dehnung nehmen mit der Zeit ab.
- Auch der Festigkeitsverlust vom 6100D-Garn und der Bikofaser sind nachvollziehbar.

- Bei allen drei Festigkeitsverlusten gibt es tendenziell zunächst einen starken Abfall der Festigkeit bevor die Steigung dann weniger stark wird. Dies ist eher untypisch und kommt bei Abbauversuchen mit medizinischem Nahtmaterial nicht in solch ausgeprägter Form vor.

- Dass die Dehnung beim 6100D-Garn alterniert und bei der Bikofaser zunimmt ist ungewöhnlich.

- Die Gründe für das zum Teil untypische Verhalten der Verläufe können vielfältig sein:
    - Der Restmonomergehalt im Material beeinflusst das Abbauverhalten und wurde im Rahmen der Untersuchungen nicht bestimmt.
    - Additive in den Materialien wie zum Beispiel Weichmacher und Stabilisatoren, können die Abbaubarkeit ebenfalls beeinflussen.
    - Die Proben befanden sich im feuchten Zustand während der Zugprüfungen.

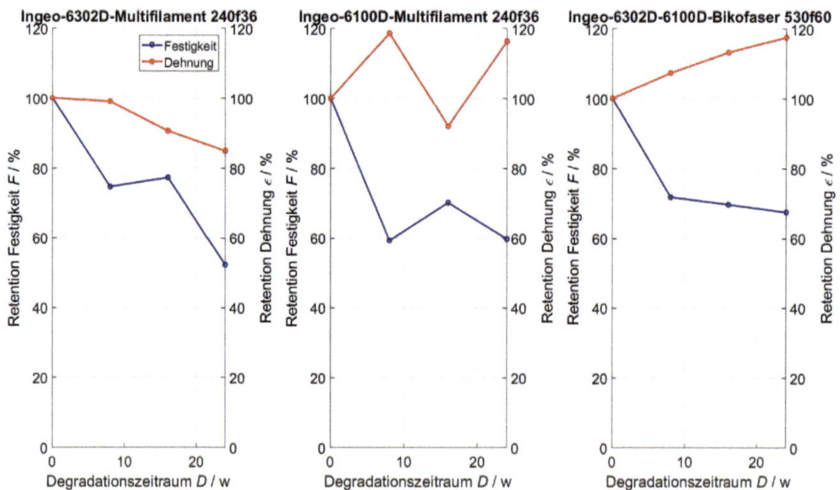

Abbildung 21: Festigkeit und Dehnung der Garne in Abhängigkeit vom Degradationszeitraum

Weiterverarbeitung zum Faserverbundwerkstoff

Die im vorherigen Kapitel beschriebenen Bikofasern wurden zu Faserverbundwerkstoffen weiterverarbeitet. [44,45] Dabei wurden unidirektional verstärkte Kunststoffe hergestellt. Den Materialien des Ingeo-6100D-6302D-Bikofaser-Multifilaments wurden folgende Aufgaben zugeordnet:

- 6100D (teilkristallin): Verstärkungsfaser
- 6302D (amorph): Matrix

Das Vorgehen für die Plattenherstellung (Maße: 110 mm x 270 mm x 2,2 mm) der Faserverbundwerkstoffe war folgendes:

- Fachen der Bikofasern (4fach)
- Wickeln der gefachten Bikofasern auf einen Metallrahmen
- Konsolidieren der Faserverbundwerkstoffe in einer Thermopresse der Firma Rucks (Typ KV214)
- Herstellen von Zugprüfkörpern nach DIN EN ISO 527-4 Typ 3
- Materialanalyse
    - o Schliffbildaufnahme
    - o Zugprüfung (Zwick Z250)
    - o DSC-Analyse

Abbildung 22 auf der nächsten Seite zeigt den Temperatur- und Druckverlauf beim Thermopressen über der Zeit. Beim Thermopressen wurde das Halbzeug zunächst ohne Einwirkung von Druck auf mindestens 130 °C erwärmt. Nach Erreichen dieser Temperatur wurde die Presse mit einer Geschwindigkeit von ca. 2 mm/min zugefahren. Dabei wurde das Faserhalbzeug weiter auf 135 °C erwärmt, um den amorphen Mantel der Bikofasern aufzuschmelzen. War das Maximum beim Schließen der Presse erreicht, wurde der Verbund für fünf Minuten bei einer Temperatur von 135 °C und einem Druck von 15 bar zusammengepresst. Entnommen wurde der konsolidierte Faserverbund bei 40 °C.

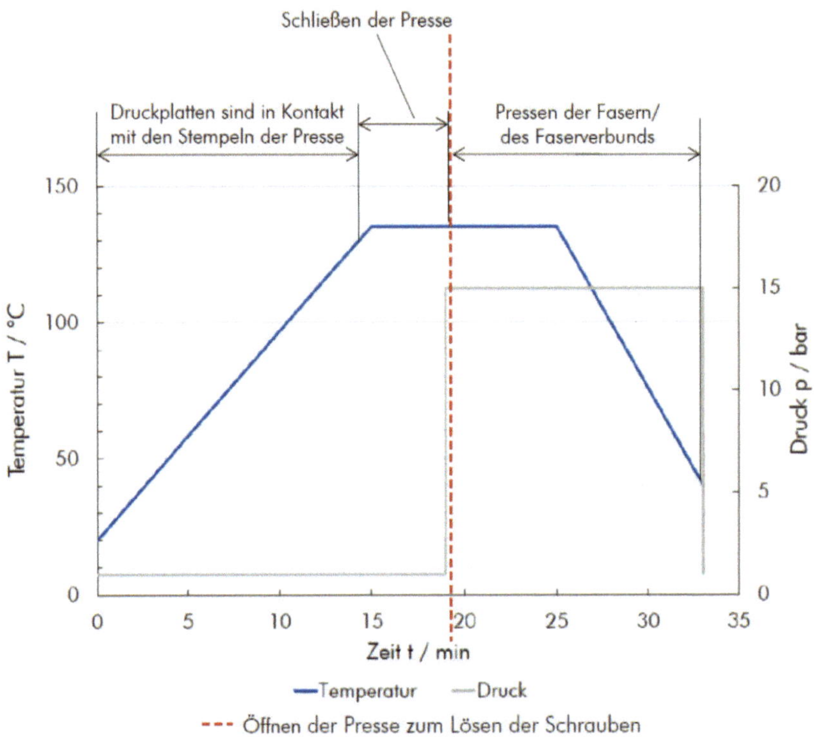

Abbildung 22: Temperatur- und Druckverlauf beim Thermopressen über der Zeit

Die Proben für die Schliffbildanalyse wurden in einer Kunststoffform platziert und mit einer Kalteinbettmasse übergossen, welche aus einem 2-Komponenten-Kunststoff (Pulver + Härter) bestand. Beim anschließenden Schleifen des Prüfstücks wurde mittels Schleifscheibe und immer feiner werdendem Schleifpapier (300er, 600er und 1200er Körnung) Material abgetragen, sodass eine plane Oberfläche mit minimalen Oberflächenfehlern entstand. Danach wurde die geschliffene Probe auf einem Poliertuch mit einer 1 µm-Al2O3-Suspension poliert. Von jeder der präparierten Proben werden mithilfe eines Lichtmikroskops Aufnahmen mit einer Auflösung von 2448x1920 Pixel angefertigt. Anhand der angefertigten Aufnahmen wurde anschließend von einem Teil der Proben der Faservolumengehalt (FVG) graphisch ermittelt. Die Überprüfung des FVGs erfolgte bei den Proben, die aus den Bikofasern mit einem Verstreckungsgrad von 1:4 hergestellt wurden. Die graphische Bestimmung des FVGs wurde jeweils an drei angefertigten Schliffbildern einer Variante durchgeführt. Hierbei wurde das Prinzip der

Flächenmethode angewendet. Die allgemeine Formel zur Berechnung des FVGs V_F lautet nach Gl. 2:

$$V_F = \frac{A_F}{A} \cdot 100\% \quad (2)$$

Wobei A_F die Fasergesamtfläche und A die Testfläche angibt. In Abbildung 23 ist die Testfläche eines Schliffbildes zur Bestimmung des FVGs blau eingerahmt. Ebenso zeigt Abbildung 23 einen Ausschnitt aus der Testfläche mit den automatisch erkannten Filamenten. Zur Bestimmung des Flächeninhaltes eines Filaments wurde zunächst anhand der Legende in Abbildung 23 links (200 μm) die Größe eines Pixels berechnet. Mithilfe der allgemeinen Formel für den Flächeninhalt eines Kreises wurde anschließend der Flächeninhalt eines Filaments (angenommener Durchmesser der Versträrkungsfaser von 26,2 μm) in Pixeln ermittelt. Multipliziert mit der Anzahl der automatisch erkannten Filamente ergibt sich so die Fasergesamtfläche A_F.

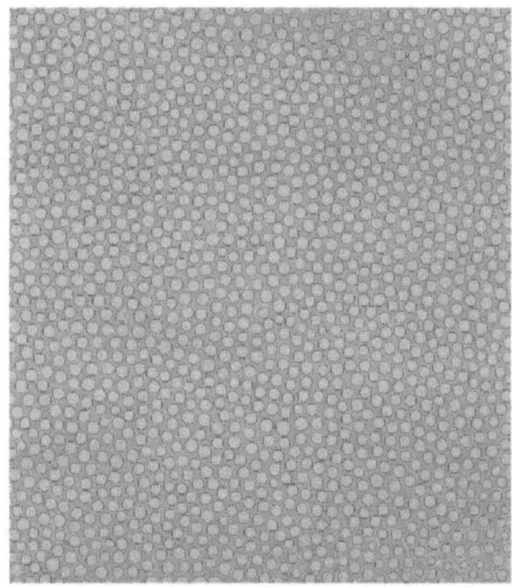

Abbildung 23: Schliffbild der Prüfkörper zur Porendetektion und zur Bestimmung des Faservolumengehalts nach der Flächenmethode (links: Testfläche; rechts: Erkannte Filamente)

In Tabelle 14 sind die Ergebnisse der FVG-Überprüfung aufgelistet. Die Berechnung des FVGs nach der Flächenmethode ergab für den hergestellten Faserverbund mit dem geringsten FVG einen Wert von 66,4 % und liegt damit geringfügig oberhalb des eingestellten Kern-Mantel-Verhältnis von 65/35. Beim Verbund mit einem FVG von 75 % entspricht der tatsächliche FVG nahezu dem eingestellten Verhältnis. Die Verbunde aus den Fasern mit einem Verhältnis von 82/18 weichen mit 80,2 etwas stärker ab. Grundsätzlich lässt sich festhalten, dass der beim Schmelzspinnen eingestellte Faservolumengehalt auch im Faserverbundwerkstoff vorliegt.

Tabelle 14: Ergebnisse der FVG-Überprüfung

Kern-Mantel-Verhältnis eingestellt beim Schmelzspinnen	Ergebnis der FVG-Überprüfung des Faserverbundwerkstoffes
82/18	80,2 %
75/25	75,9 %
65/35	66,4 %

Abbildung 24 auf der nächsten Seite zeigt fünf Schliffbilder des Faserverbundwerkstoffes aus den Ingeo-6100D-6302D-Bikofasern mit einem Faservolumengehalt von 75 % und einem Verstreckungsgrad von 1:4. Deutlich sind die Verstärkungsfasern aus dem 6100D-Material und die Matrix aus dem 6302D-Material zu sehen. Nur wenige Lufteinschlüsse sind zu sehen. Dies spricht für einen guten Konsolidierungspozess.

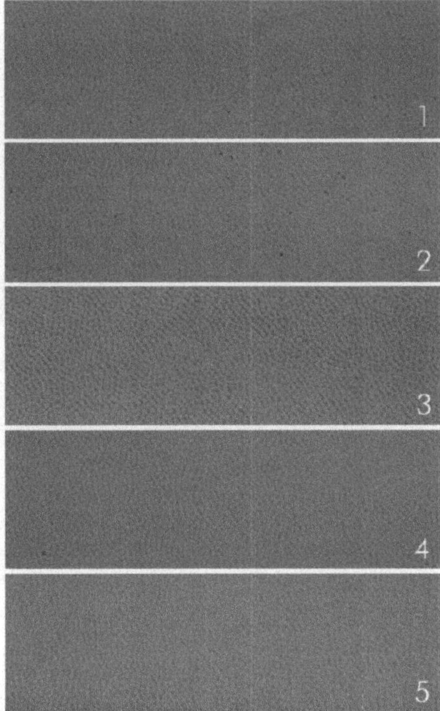

Abbildung 24: Schliffbilder des Faserverbundwerkstoffes aus den Ingeo-6100D-6302D-Bikofasern mit einem Faservolumengehalt von 75 % und einem Verstreckungsgrad von 1:4

Abbildung 25 auf der nächsten Seite zeigt die Festigkeit und den E-Modul für die verschiedenen Verstreckungsgrade und Kern-Mantel-Verhältnisse der Bikofasern nach Tabelle 12. Auch hier ist zu erkennen, dass mit zunehmenden Verstreckungsgrad die mechanischen Eigenschaften besser werden. Eine Erhöhung des Kernanteils führt ebenfalls zu einer Erhöhung der mechanischen Eigenschaften, da der Anteil der Verstärkungsfasern erhöht wird. Tabelle 15 zeigt die besten mechanischen Eigenschaften des Faserverbundwerkstoffs, hergestellt aus dem Ingeo-6100D-6302D-Bikofaser-Multifilament 490f60 mit einem Kern-Mantel-Verhältnis von 82/18 und einem Verstreckungsgrad von 1:4,3.

Tabelle 15: Faserverbundwerkstoffe mit den besten mechanischen Eigenschaften

Festigkeit	E-Modul	Dehnung
109,57 MPa	9,56 GPa	4,1 %

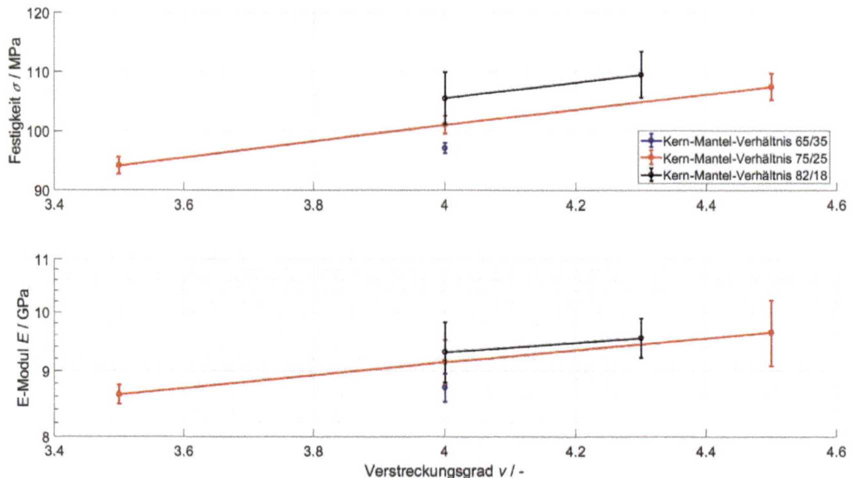

**Abbildung 25: Festigkeit und Dehnung der Faserverbundwerkstoffe
in Abhängigkeit vom Verstreckungsgrad und Kern-Mantel-Verhältnis**

Hinsichtlich der Festigkeit ist dieser Faserverbundwerkstoff stärker als jene aus Folien und Bändern mit 102 MPa [46] und schwächer als jene aus Hybridgarnen mit 118 MPa [47]. Das ist damit zu begründen, dass durch die Bikofaser und damit die begrenzten Verstrecktemperaturen die maximal mögliche Festigkeit des Kernmaterials nicht generiert werden kann. Hinsichtlich E-Modul weist der Faserverbund wesentlich höhere Werte auf im Vergleich zu den oben genannten (4,4 GPa aus [46] und 2,8 GPa aus [47]).

Weiterverarbeitung im 3D-Druck

Das Ziel bei der Weiterverarbeitung im 3D-Druck war zunächst die Herstellung eines endlosfaserverstärketen Monofilaments aus den Bikofasern. Dazu wurde das Ingeo-6100D-6302D-Bikofaser-Multifilament 615f60 mit einem Verstreckunsgrad von 1:4 folgendermaßen weiterverarbeitet:

- Fachen (16fach): Dies ergibt ein Endlosfilament mit einer Feinheit von 9840 dtex. Dieser Wert entspricht einen Durchmesser von ca. 1 mm.

- Erhitzen des gefachten Filaments in einem Röhrenofen und durchführen durch eine Düse mit einem Durchmesser von 1 mm. Dadurch wurde das Mantelmaterial aufgeschmolzen und das endlosfaserverstärkte Monofilament generiert.

Das draus entstandene Monofilament mit einem Durchmesser von ca. 1 mm besitzt 960 Verstärkungsfasern aus dem 6100D-Material. Das 6302D-Material bildet die Matrix. Abbildung 26 zeigt das Spannungs-Dehnungs-Diagramm des endlosfaserverstärkten Monofilaments.

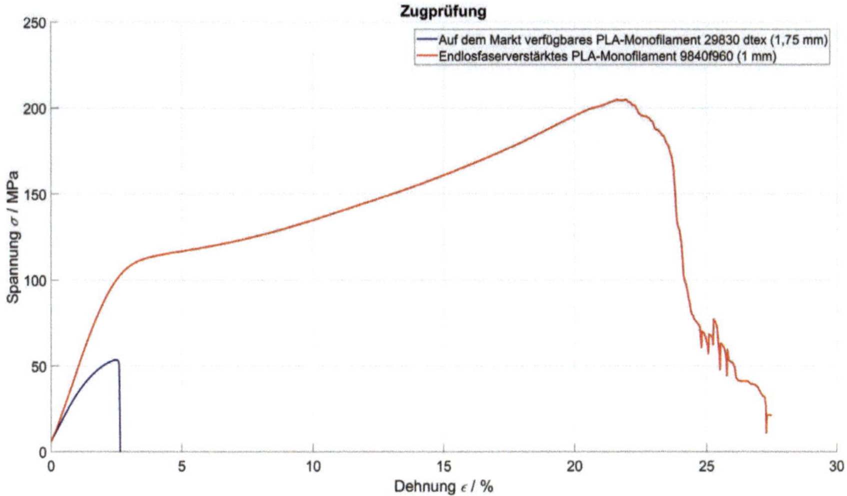

Abbildung 26: Kraft-Dehnungs-Diagramme der Monofilamente für den 3D-Druck

Ebenso ist ein auf dem Markt verfügbares Monofilament getestet worden, welches eine typische Festigkeit von ca. 50 MPa besitzt. Es ist zu erkennen, dass das endlosfaserverstärkte Monofilament eine wesentlich höhere Festigkeit (ca. Faktor 4) und ebenfalls einen höheren E-Modul besitzt. Die Werte sind in Tabelle 16 aufgelistet.

Tabelle 16: Mechanische Eigenschaften endlosfaserverstärktes Monofilament

Festigkeit	E-Modul	Dehnung
207,20 MPa	3,75 GPa	22,1 %

Für die Verarbeitung des endlosfaservertsärkten Monofilaments im Fused Deposition Modeling Verfahren (FDM-Verfahren) mit einem 3D-Drucker von MtPlus (300D) sind drei Bereiche von großer Bedeutung

- Zunächst ist eine optimale Materialförderung des Filaments nötig, um Schwankungen des Materialflusses und damit Fehler im Druck zu verhindern. Dazu wird ein Monofilament mit gleichmäßigem Querschnitt und einer robusten Oberfläche, um beim Fördern keine Schädigungen des Filaments zu erzeugen, benötigt.

- Der zweite anzupassende Bereich ist der Aufbau des Druckkopfes und damit entsprechend das Heizelement und die Düse. Die Drucktemperatur ist dabei entscheidend für einen optimalen Fluss in der Düse und eine entsprechende Nutzung des faserverstärkten Monofilaments.

- Abschließend ist die Ablage des Materials auf dem Druckbett zu optimieren, um ein ausreichendes Druckergebnis zu erhalten. Dabei spielen die Düsengeometrie und die Programmierung der Schrittmotoren eine Entscheidende Rolle.

Probleme bei der Verarbeitung traten bei der Einstellung einer optimalen Drucktemperatur auf. Es konnten Proben bei einer Drucktemperatur von 210°C hergestellt werden. Bei dieser Drucktemperatur von 210°C konnte ein besseres Fließverhalten bzw. bessere rheologische Eigenschaften des Materials erreicht werden, was für einen geringeren Druck in der Düse und ein gleichmäßigeres Fließen sorgte. Diese Drucktemperatur lag jedoch oberhalb der Schmelzbereichs der Kernkomponente (vgl. Abbildung 19 auf Seite 27). Allerdings muss, um ein Aufschmelzen der Verstärkungsfasern zu verhindern, das Material unterhalb von 160 °C verarbeitet werden. Bei Temperaturen unterhalb von 190°C war ein Fördern des Materials unmöglich, da ein zu hoher Druck im Heizelement entstand. Entsprechend musste eine Optimierung der Geometrie des Heizelementes und der Düse vorgenommen werden, die jedoch im Rahmen des Projektes nicht mehr durchgeführt werden konnte. Somit konnten keine endlosfaserverstärkten 3D-Druckerzeugnisse hergestellt werden.

3.2.5. Zusammenfassung der Forschungsergebnisse und Schlussfolgerungen

Im Forschungsprojekt ist es erstmals gelungen, ein Blend mit Stereokomplex-Kristallstruktur (scPLA-Blend) mit einer Schmelztemperatur von 235 °C aus PLA im Technikumsmaßstab in einem innovativen Compoundierprozess herzustellen. Dabei wurden auf dem Markt verfügbare PLLA- und PDLA-Materialien verwendet. Diese wurden in Granulatform im Mischungsverhältnis 50/50 bei einem Gesamtdurchsatz von 2 kg/h einer Compoundieranlage mit Doppelschneckenextruder zugeführt. Das Ergebnis der Compoundierung ist ein Ausfällen des scPLA-Blends in Pulverform, welches u. a. im Schmelzspinnprozess zu PLA-Fasern mit höheren Festigkeiten und Steifigkeiten weiterverarbeitet werden kann. Die einfache Überführung in den Industriemaßstab erlaubt eine ausreichende Materialverfügbarkeit, wodurch das Potential geschaffen wurde, technische industrielle PLA-Garne mit erhöhten Festigkeiten zu entwickeln und folglich das Anwendungsfeld massiv zu erweitern. Somit können herkömmliche Kunststoffe, beispielsweise PP, weiter substituiert und Ressourcen und Umwelt entsprechend geschont werden.

Das scPLA-Blend konnte im Schmelzspinnprozess zu einer Faser mit Stereokomplex-Kristallstruktur weiterverarbeitet werden. Allerdings sind die Festigkeiten dieses Garns geringer als die der derzeit auf dem Markt verfügbareren PLA-Garne. Der Grund ist, dass sich die Stereokomplex-Kristallstruktur während der Extrusion entmischt. Eine Modifikation der Schmelzspinnanlage – u. a. Mischtorpedo und statische Mischer in der Schmelzeleitung – ist notwendig. Zwar sind diese Anlagenerweiterungen bereits heute verfügbar, jedoch gibt es beim scPLA-Blend aufgrund der besonderen Kristallstruktur und der niedrigen Verarbeitungsviskosität im Vergleich zu typischen Kunststoffen weiteren Entwicklungsbedarf, um den Stereokomplex aufrecht zu erhalten bzw. weiter auszuprägen. Dieser Entwicklungsbedarf beim PLA-Schmelzspinnen sowie die Kosten für die Anlagenmodifikation waren innerhalb des Projektes nicht umsetzbar. Derzeit wird entsprechend an der Fortsetzung der Thematik am FIBRE gearbeitet und die Partner aus dem PBA haben ihr eindeutiges Interesse an einer weiteren Zusammenarbeit bekundet.

Mit auf dem Markt verfügbaren PLA-Materialien wurden Bikofasern mit einer Mantel-Kern-Struktur entwickelt. Dabei wurde ein teilkristallines PLA in den Kern und ein amorphes PLA in den Mantel geführt. Diese Bikofasern wurden zu Faserverbundwerkstoffen und endlosfaserverstärkten Monofilamenten für den 3D-Druck weiterverarbeitet. Dabei generiert der teilkristalline Kern die Festigkeit. Mit dem amorphen Mantel kann die Form vorgegeben werden. Dadurch, dass die Verstärkungsfaser bereits beim Schmelzspinnprozess in die Matrix eingebettet wird, können einerseits hohe Faservolumengehälter technisch realisiert werden. Andererseits kann der Faservolumengehalt bereits während des Herstellungsprozesses der Bikofaser exakt eingestellt werden.

Folgende Ergebnisse wurden erreicht:

- Fertigung eines PLA-Blends mit Stereokomplex-Kristallstrukur und einer Schmelztemperatur von 235 °C im Technikumsmaßstab im Compoundierprozess
- Verständnis über den Einfluss der Prozessparameter und der PLA-Zusammensetzung auf das PLA-Blend
- Fertigung von PLA-Bikofasern mit teilkristallinem Kern und amorphem Mantel
- Weiterverarbeitung der PLA-Bikofasern zu Faserverbundwerkstoffen und zu endlosfaserverstärkten Monofilamenten für den 3D-Druck

Folgendes Ergebnis wurde nicht erreicht:

- Fertigung einer PLA-Faser mit Stereokomplexkristallstrukur *und* verbesserten mechanischen Eigenschaften als derzeit auf dem Markt verfügbar

Das Ziel des Forschungsvorhabens wurde teilweise erreicht

4. Nutzen der erzielten Ergebnisse

4.1. Wissenschaftlich-technischer Nutzen

Im Forschungsprojekt PLA[2] ist es erstmals gelungen, ein Blend mit Stereokomplex-Kristallstruktur mit einer Schmelztemperatur von 235 °C aus PLA im Technikumsmaßstab mit einem Durchsatz von 2 kg/h mit einer neuartigen Prozessführung herzustellen. Die einfache Überführung in den Industriemaßstab erlaubt eine ausreichende Materialverfügbarkeit, wodurch das Potential geschaffen wurde, technische industrielle PLA-Garne mit erhöhten Festigkeiten zu entwickeln. Ein entsprechender weiterführender Forschungsantrag wurde bereits eingereicht.

Mit den in diesem Forschungsprojekt entwickelten Bikofasern mit Mantel-Kern-Struktur können u. a. Faserverbundwerkstoffe und endlosfaserverstärkte Monofilamente für den 3D-Druck hergestellt werden. Entsprechend kann das Portfolio von PLA-Fasern und somit von PLA-Faserherstellern erweitert werden. Die Forschungsergebnisse zum eigenverstärkten PLA-Faserverbundwerkstoff wurden in die Vorlesung „Technologie der polymeren Faserverbundwerkstoffe" mit aufgenommen.

4.2. Wirtschaftlicher Nutzen insbesondere für KMU

Der wirtschaftliche Nutzen, insbesondere für KMU, kann in drei Schwerpunkten zusammengefasst werden:

<u>Produktinnovation</u>

Mit den in diesem Forschungsprojekt entwickelten Bikofasern kann das Portfolio von PLA-Fasern und somit von PLA-Faserherstellern erweitert werden. PLA besteht aus nachwachsenden Rohstoffen und ist technisch kompostierbar. [3] Mit der Verwendung der PLA-Fasern können KMU der Forderung nach umweltfreundlichen Alternativen im Vergleich zu fossilen Rohstoffen nachkommen. [1] Mit den PLA-Erzeugnissen kann ein wichtiger Beitrag zur Nachhaltigkeit geleistet und die Produkte können besser vermarktet werden. Mit unterschiedlichen Strategien, wie z. B. der „Plastic Strategy", fördert zudem die Europäische Union nachhaltiges und grünes Wirtschaften. [51]

<u>Prozessinnovation</u>

Die Prozessführung bei der Entwicklung des scPLA-Blends mit einer Verarbeitungstemperatur unterhalb des Schmelzepunktes des scPLA ist sehr innovativ. Dass ein Material während des Vermischens im Extrusionsprozess als Pulver ausfällt, stellt eine Besonderheit dar und die Erfahrungen aus dem Projekt können von der Kunststoffbranche in andere Produktentwicklungen mit einfließen.

<u>Neuer Entwicklungsbedarf beim PLA-Schmelzspinnen</u>

Für das entwickelte scPLA-Blend muss der Extrusionsprozess angepasst werden, u. a. durch einen Mischtorpedo und statische Mischer in der Schmelzeleitung, wenn es darum geht, das scPLA-Blend zu einem Garn weiterzuverarbeiten. Zwar sind diese Anlagenmodifizierungen bereits heute verfügbar, jedoch gibt es beim scPLA aufgrund der besonderen Kristallstruktur und der niedrigen Verarbeitungsviskosität im Vergleich zu typischen Kunststoffen weiteren Entwicklungsbedarf, um den Stereokomplex aufrecht zu erhalten bzw. weiter auszuprägen. Dadurch kann das Knowhow und das Portfolio von PLA-Schmelzspinnen und somit allgemein von Schmelzspinnnen erweitert werden und die Anlagen können einen größeren Absatzmarkt erreichen.

Neben den drei genannten Schwerpunkten ist mit der Preisentwicklung von PLA eine weitere wirtschaftliche Bedeutung zu nennen: In den letzten 20 Jahren ist der PLA-Preis regressiv gesunken. [52] Bei TotalEnergies Corbion liegen die aktuellen PLA-Preise für Großmengen zur Herstellung von PLA-Garnen derzeit bei 3,46 bis 3,61 €/kg. [53] Durch den prognostizierten Anstieg der Produktionsmengen kann mittelfristig davon ausgegangen werden, dass der Preis von PLA weiter fallen wird. [4] Aus diesem Trend kann der Rückschluss gezogen werden, dass durch die PLA-Produkte die Wettbewerbsfähigkeit von KMU gesteigert wird.

Die Nutzung der Forschungsergebnisse erfolgt voraussichtlich in den Fachgebieten:

- Umwelt- und Nachhaltigkeitsforschung: Hauptgebiet
- Ressourceneffizienz, Rohstoffe (außer Energie): Hauptgebiet
- Gesundheits- und Medizintechnik: Nebengebiet
- Werkstoffe, Materialien: Nebengebiet

Weiterhin kommt eine Nutzung in folgenden Wirtschaftszweigen in Betracht:

- Herstellung von Textilien: Hauptsächliche Nutzung
- Herstellung von Gummi- und Kunststoffwaren: Hauptsächliche Nutzung

4.3. Innovativer Beitrag

Die Entwicklung des scPLA-Blends stellt einen innovativen Beitrag im Bereich der Entwicklung und Modifizierung von Kunststoffen dar. Mit den Garnen, die daraus entwickelt werden, kann das Anwendungsfeld, hier sind z.B. die Medizintechnik, Polstertechnik und Seiltechnik, von PLA massiv erweitert werden. Somit können herkömmliche Kunststoffe, beispielsweise Polypropylen oder Polyester, weiter substituiert und Ressourcen und Umwelt entsprechend geschont werden.

4.4. Industrielle Anwendung

Die erzielten Ergebnisse bei der Entwicklung des scPLA-Blends bilden die Basis für die Kunststoffbranche hinsichtlich einer industriellen Produktion, da der im Technikumsmaßstab entwickelte Prozess von Compoundherstellern mit entsprechenden Kenntnissen und Erfahrungen zur kommerziellen Reife gebracht und entsprechen auf dem Markt angeboten werden kann.

Die in diesem Forschungsprojekt entwickelten PLA-Bikofasern könne von PLA-Faserherstellern, die über die technischen Voraussetzungen zur Herstellung von Bikofasern verfügen, in die industrielle Anwendung gebracht werden.

Das scPLA-Blend kann im Hinblick auf die Materialcharakterisierung für die Herstellung im Industriemaßstab bereits heute am FIBRE in ausreichenden Mengen für erste Testchargen hergestellt werden. Ebenso sind die Bikofasern für weiterführende Versuche verfügbar.

5. Danksagung

Das IGF-Vorhaben „Hochleistungs-PLA-Biko-Fasern (PLA^2)" (AiF-Nr. 20570 N) der Forschungsvereinigung Werkstoffe aus nachhaltigen Rohstoffen e.V., Breitscheidstraße 97, 07407 Rudolstadt wurde über die AiF im Rahmen des Programms zur Förderung der industriellen Gemeinschaftsforschung und -entwicklung (IGF) vom Bundesministerium für Wirtschaft und Klimaschutz aufgrund eines Beschlusses des Deutschen Bundestages gefördert. Dafür möchten wir uns bedanken.

Darüber hinaus gilt unser Dank den beteiligten Projektpartnern und den Mitgliedern des Projektbegleitenden Ausschusses (PBA) für die gute Zusammenarbeit und die Unterstützung bei den Forschungsarbeiten:

Magdeburger Kunststoff-Service-Center GmbH

Fourné Maschinenbau GmbH

CHT Germany GmbH

Trevira GmbH

TWD Fibres GmbH

ITV Denkendorf Produktservice GmbH

Bio-Composites And More GmbH

BigRep GmbH

Der Schlussbericht kann beim Faserinstitut Bremen e. V. (FIBRE) ausgeliehen werden.

Gefördert durch:

**aufgrund eines Beschlusses
des Deutschen Bundestages**

6. Durchführende Forschungstelle

Forschungsstelle: Faserinstitut Bremen e. V. (FIBRE)

                                     Am Biologischen Garten 2

                                     Gebäude IW 3

                                     28359 Bremen

                                     Telefon: 0421/218 58700

                                     Telefax: 0421/218 58710

                                     E-mail: sekretariat@faserinstitut.de

Leiter der Forschungsstelle: Prof. Dr.-Ing. Axel S. Herrmann
Projektleiter: Dr. Boris Marx

7. Verzeichnisse

Abbildungverzeichnis

Tabellenverzeichnis

8. Literatur

[1]   Bundesministerium für Ernährung und Landwirtschaft: Fortschrittsbericht zur Nationalen Politikstrategie Bioökonomie, Berlin, 2017

[2]   Umweltbundesamt: Kunststoffe in der Umwelt, Dessau-Roßlau, 2019

[3]   Endres, H.-J., Siebert-Raths, A.: Technische Biopolymere: Rahmenbedingungen, Marktsituation, Herstellung, Aufbau und Eigenschaften, Carl Hanser Verlag München, 2009

[4]   Institute for Bioplastics and Biocomposites (IFBB): Biopolymers: Facts and Statistics, Hannover, 2020

[5]   Emailanfrage zu Festigkeiten von PLA-Garnen, Gerhard Klis, Director Sales & Marketing Filaments, Trevira GmbH, 29.03.2022

[6]   https://www.trevira.de/filamente/pla-garne, aufgerufen am 21.02.2002

[7]   Nampoothiri, K. M. ; Nair, N. R. ; John, R. P.: An overview of the recent developments in polylactide (PLA) research. In: Bioresource Technology 101 (2010), S. 8493–8501

[8]   Gries, T.: Faserstoff-Tabellen nach P.-A. Koch: Polylactidfasern (PLA). Deutscher Fachverlag GmbH Frankfurt/Main, 2004

[9]   Zhong, W. ; Ge, J. ; Gu, Z. ; Li, W. ; Chen, X. ; Zang, Y. ; Yang, Y.: Study on Biodegradable Polymer Materials Based on Poly- (lactic acid). I. Chain Extending of Low Molecular Weight Poly(lactic acid) with Methylenediphenyl Diisocyanate. In: Journal of Applied Polymer Science 74 (1999), S. 2546–2551

[10]   Bigg, D. M.: Polylactide Copolymers: Effect of Copolymer Ratio and End Capping on Their Properties. In: Advances in Polymer Technology 24-2 (2005), S. 69–82

[11]   Ikada, Y. ; Jamshidi, K. ; Tsuji, H. ; Hyon, S.-H.: Stereocomplex Formation between Enantiomeric Poly(lactides). In: Macromolecules 20 (1987), S. 904–906

[12]   Tsuji, H.: Poly(lactide) Stereocomplexes: Formation, Structure, Properties, Degradation and Applications. In: Macromol. Biosci. 5 (2005), S. 569–597

[13]   Fukushima, K. ; Kimura, Y.: Stereocomplexed polylactides (Neo-PLA) as highperformance bio-based polymers: their formation, properties, and application. In: Polym Int 55 (2006), S. 626–642

[14]   Tsuji, H. ; Ikada, Y.: Biodegradable Polymer Blends and Composites from Renewable Resources. Chapter 7: Stereocomplex between Enantiomeric Poly(lactide)s. John Wiley & Sons, 2009

[15] Tsuji, H.: Bio-Based Plastics: Materials and Applications. Chapter 8: Poly(Lactic Acid). John Wiley & Sons, 2014

[16] Tsuji, H.: Poly(lactic acid) stereocomplexes: A decade of progress. In: Advanced Drug Delivery Reviews 107 (2016), S. 97–135

[17] Tarkhanov, E.; Lehmann, A.; Menrath, A.: Halfway to Technical Stereocomplex PLA Products - an Arduous Path to a Breakthrough, Macromolecular materials and engineering 305 (2020), No.12, Art. 2000417, 6 pp.

[18] TotalEnergies Corbion: Marketing Compound SC0 - Product Data Sheet, 2018

[19] Teijin Limited: Teijin Launches BIOFRONT Heat-Resistant Bio Plastic, Pressemitteilung, 12.09.2007

[20] TotalEnergies Corbion: Luminy LX930 RMB20 - Product Data Sheet, 2021

[21] TotalEnergies Corbion: Luminy L175 RMB20 - Product Data Sheet, 2021

[22] NatureWorks: Ingeo Biopolymer 6060D - Technical Data Sheet, 2021

[23] NatureWorks: Ingeo Biopolymer 6100D - Technical Data Sheet, 2018

[24] Gupta, B. ; Revagade, N. ; Hilborn, J.: Poly(lactic acid) fiber: An overview. In: Prog. Polym. Sci. 32 (2007), S. 455–482

[25] Auras, R. ; Lim, L.-T. ; Selke, S. E. M. ; Tsuji, H.: Poly(Lactic Acid): Synthesis, Structures, Properties, Processing, and Applications. John Wiley & Sons, 2010

[26] Lim, L.-T. ; Auras, R. ; Rubino, M.: Processing technologies for poly(lactic acid). In: Progress in Polymer Science 33 (2008), S. 820–852

[27] Schmack, G. ; Tändler, B. ; Vogel, R. ; Beyreuther, R. ; Jacobsen, S. ; Fritz, H.-G.: Biodegradable Fibers of Poly(L-lactide) Produced by High-Speed Melt Spinning and Spin Drawing. In: Journal of Applied Polymer Science 73 (1999), S. 2785–2797

[28] Park, C. H. ; Hong, E. Y. ; Kang, Y. K.: Effects of Spinning Speed and Heat Treatment on the Mechanical Properties and Biodegradability of Poly(lactic acid) Fibers. In: Journal of Applied Polymer Science 103 (2007), S. 3099–3104

[29] Hufenus, R. ; Reifler, F. A. ; Maniura-Weber, K. ; ; Spierings, A. ; Zinn, M.: Biodegradable Bicomponent Fibers from Renewable Sources: Melt-Spinning of Poly(lactic acid) and Poly[(3-hydroxybutyrate)-co-(3-hydroxyvalerate)]. In: Macromol. Mater. Eng. 297 (2012), S. 75–84

[30] Arvidson, S. A. ; Wong, K. C. ; Gorga, R. E. ; Khan, S. A.: Structure, molecular orientation, and resultant mechanical properties in core/sheath poly(lactic acid)/polypropylene composites. In: Polymer 53 (2012), S. 791–800

[31]   Bio4self: Fibre-based materials for non-clothing applications. www.bio4self.eu, Abruf: 15.06.2018

[32]   Köhler, T. ; Gries, T. ; Seide, G.: Development of Bio-Based Self-Reinforced PLA Composites. In: Key Engineering Materials 742 (2017), S. 278–284

[33]   Van der Scheuren, L.: High stiffness PLA yarns for biobased self-reinforced composites. In: 56. Internationale Fasertagung Dornbirn – Dornbirn-GFC (2017)

[34]   Li, R. ; Yao, D.: Preparation of Single Poly(lactic acid) Composites. In: Journal of Applied Polymer Science 107 (2008), S. 2909–2916

[35]   Liu, Q. ; Zhao, M. ; Zhou, Y. ; Yang, Q. ; Shen, Y. ; Gong, R. H. ; Zhou, F. ; Li, Y. ; Deng, B.: Polylactide single-polymer composites with a wide meltprocessing window based on core-sheath PLA fibers. In: Materials and Design 139 (2018), S. 36–44

[36]   TotalEnergies Corbion: Luminy D120 - Product Data Sheet, 2019

[37]   TotalEnergies Corbion: Luminy L130 - Product Data Sheet, 2019

[38]   NatureWorks: PLA Processing Guide for Spinning Fibers, 2015

[39]   Kohlgrüber, K., Bierdel, M., Rust, H.: Polymeraufbereitung und Kunststoff-Compoundierung: Grundlagen, Apparate, Maschinen, Anlagentechnik, Carl Hanser Verlag, 2019

[40]   Fourné, F.: Synthetische Fasern: Herstellung, Maschinen, Apparate, Eigenschaften, Carl Hanser Verlag, 1995

[41]   Trevira GmbH: Datenblatt für Versuchsgarn, 2019

[42]   Schürmann, H.: Konstruieren mit Faser-Kunststoff-Verbunden, Springer-Verlag Berlin Heidelberg, 2007

[43]   Maas, J.: Untersuchung der biologischen Abbaubarkeit von PLA-Fasern, Bachelorarbeit Universität Bremen, Betreuer: Prof. Dr. Axel Herrmann, Dr. Boris Marx, 2021 unveröffentlicht

[44]   Rackl, H.: Herstellung von Faserverbundwerkstoffen aus Polylactid-Fasern. Bachelorarbeit Universität Bremen / Faserinstitut Bremen, Betreuer: Prof. Dr. Axel Herrmann, Dr. Boris Marx, 2020, unveröffentlicht

[45]   Dittmer, I.: Optimierung des Herstellungsprozesses von Faserverbundwerkstoffen aus PLA-Bikofasern, Masterarbeit Universität Bremen / Faserinstitut Bremen, Betreuer: Prof. Dr. Axel Herrmann, Dr. Boris Marx, 2021, unveröffentlicht

[46]   Mai, F. ; Tu, W. ; Bilotti, E. ; Peijs, T.: Preparation and properties of self-reinforced poly(lactic acid) composites based on oriented tapes. In: Composites: Part A 76 (2015), S. 145–153

[47]   Buyle, G. ; Schueren, L. Van d. ; Beauson, J. ; Goutianos, S. ; Schillani, G. ; Madsen, B.: Self-reinforced biobased composites based on high stiffness PLA yarns. In: IOP Conf. Series: Materials Science and Engineering 406 (2018)

[48]   Hettich, S.: Herstellung von Monofilamenten aus PLA-Bikofasern für den 3D-Druck, Masterarbeit Universität Bremen / Faserinstitut Bremen, Betreuer: Prof. Dr. Axel Herrmann, Dr. Boris Marx, 2022, unveröffentlicht

[49]   Hettich, S.; Dittmer, I.: Herstellung von Faserverbundwerkstoffen aus reinem Polylactid, Masterprojekt Universität Bremen / Faserinstitut Bremen, Betreuer: Prof. Dr. Axel Herrmann, Dr. Boris Marx, 2020, unveröffentlicht

[50]   Marx, B.: Faserverbundwerkstoffe aus reinem PLA mit verbesserten mechanischen Eigenschaften, CU-Thementag "Biocomposites – mit dem Fokus auf Naturfaserverstärkte Kunststoffe", Kaiserslautern, 2020

[51]   https://ec.europa.eu/environment/strategy/plastics-strategy_de, aufgerufen am 01.04.2022

[52]   Fachagentur Nachwachsende Rohstoffe e.V. (FNR): Marktanalyse nachwach-sende Rohstoffe. In: Schriftenreihe Nachwachsende Rohstoffe 34, 2014

[53]   Emailanfrage zu PLA-Preisen, Corne Dekker, Regional Account Representative Europe, TotalEnergies Corbion, 28.03.2022